特种养殖致富快车

图说稻田小龙虾
高产高效养殖关键技术

占家智　羊　茜　汪永忠　编著

河南科学技术出版社
·郑州·

图书在版编目（CIP）数据

图说稻田小龙虾高产高效养殖关键技术 / 占家智，羊茜，汪永忠编著. —郑州：河南科学技术出版社，2019.2
（特种养殖致富快车）
ISBN 978-7-5349-9453-1

Ⅰ. ①图…　Ⅱ. ①占…　②羊…　③汪…　Ⅲ. ①稻田—龙虾科—淡水养殖—图解　Ⅳ. ①S966.12-64

中国版本图书馆CIP数据核字（2019）第021746号

出版发行：河南科学技术出版社
地址：郑州市金水东路39号　　邮编：450016
电话：（0371）65737028　65788613
网址：www.hnstp.cn
策划编辑：陈淑芹　杨秀芳　编辑信箱：hnstpnys@126.com
责任编辑：申卫娟　陈　艳
责任校对：丁秀荣　朱　超
装帧设计：张德琛　杨红科
责任印制：张艳芳
印　　刷：河南文华印务有限公司
经　　销：全国新华书店
开　　本：890 mm × 1 290 mm　1/32　　印张：8.25　　字数：230 千字
版　　次：2019年2月第1版　　2019年2月第1次印刷
定　　价：29.80 元

如发现印、装质量问题，影响阅读，请与出版社联系并调换。

前言

小龙虾，拥有极强的掘洞能力，在过去被列为有害生物，不断遭到人为清除。随着社会的发展，人们生活条件不断改善，饮食要求不断提高，小龙虾的食用功能不断被开发，尤其是江苏省盱眙县每年一次的国际小龙虾节和其他各地纷纷举办的形式多样的小龙虾节，使人们对小龙虾产生了浓厚的兴趣。小龙虾以可食部分较多、肉质细嫩、味道鲜美、营养价值高、蛋白质含量高的优点而逐渐被大家所接受，目前已经成为我国优良淡水养殖新品种，在市场上备受消费者青睐，是近年最热门的养殖品种之一。

由于小龙虾的自然资源日趋减少，市场需求量大，人工养殖前景广阔，现在许多地方开发了多种多样的卓有成效的养殖方式，其中稻田养殖小龙虾是最成功的一种养殖模式。为了方便广大农民朋友快速方便直观地掌握小龙虾的稻田养殖技术，我们根据多年指导小龙虾养殖生产的经验，编写了本书，从小龙虾养殖关键的 11 个方面入手，详细地为大家讲解小龙虾养殖的全过程和注意点。

本书的重点是解决在生产实践中遇到的问题，有的放矢，理论联系实际，因此具有极强的生产指导意义。

占家智

2018 年 11 月

目录

技巧一 了解小龙虾是成功养虾必做的功课

一、小龙虾的概况

（一）小龙虾在我国的发展

图 1–1 小龙虾

龙虾（*Procambarus clarkii*）又称克氏螯虾，学名克氏原螯虾，在分类学上隶属于节肢动物门、甲壳纲、十足目、爬行亚目、蝲蛄科、原螯虾属。具有虾的明显特征，整个身体由20节组成，分为头胸部和腹部，其形态与海水龙虾相似，故称为龙虾，又因它的个体比海水龙虾小而称为小龙虾（图1–1）。

美国是小龙虾的主要故乡，尤其是美国路易斯安那州是小龙虾主要的产区，这个州已经把小龙虾的养殖当作农业生产的主要组成部分，并把虾仁等小龙虾制品输送到世界各地。加拿大和墨西哥等地也是它的故乡。经过长期的引进和人为的传播，小龙虾现广泛分布于世界上多个国家和地区，主要分布于美国、墨西哥、加拿大、澳大利亚、巴布亚新几内亚、津巴布韦、南非、喀麦隆、土耳其、叙利亚、匈牙利、波兰、保加利亚、西班牙等国，非洲国家喀麦隆就有“龙虾之国”的称谓。

小龙虾在20世纪早期开始从日本传入我国，现广泛分布于我国的新疆、甘肃、宁夏、内蒙古、山西、陕西、河南、河北、天津、北京、辽宁、山东、江苏、上海、安徽、浙江、江西、湖南、湖北、重庆、四川、贵州、云南、广西、广东、福建及台湾等20多个省市自治区，形成可供利用的天然种群。特别是长江中下游地区生物种群量较大，是我国小龙虾的主产区。

到目前，小龙虾已经由“外来户”变为“本地居民”了，成为我国主要的甲壳类经济水生动物之一，长江南北都能见到它的踪迹，特别是江淮一带气候宜人，水网众多，已经成为小龙虾的主要产区。到2006年，我国不仅成为世界上小龙虾的产量大国，也成为世界上小龙虾的出口大国。

在2000年以前，我国小龙虾的供应基本上以自然性野生资源为主。那时的小龙虾几乎全部来自野外，而且数量大得惊人，可随着人们对小龙虾的开发利用，尤其是开发其食用价值后，各地掀起了食用小龙虾的热潮，直接导致小龙虾的野生资源一年比一年少，市场价格攀升，人工养殖小龙虾也渐渐地因市场的需求而成为现实。在2000～2003年间，安徽、江苏、上海、湖北等省市先后开展了小龙虾的人工繁殖工作和人工养殖试验与推广工作，但这段时间内仍处于野外捕捞和人工养殖共存状态，而且野外资源还是占主要地位。2003年以后，野生资源进一步减少，而人们的食用热情更加高涨，供需矛盾更加突出，因此各地均加大了对小龙虾资源的开发利用和各种养殖模式的探讨力度，也取得了一系列的成果。例如，湖北省水产科学研究所在2005年取得室外规模化人工繁殖的突破，繁殖小龙虾苗近100万尾；安徽省滁州地区于2007年取得了千亩连片稻田轮作示范区亩*产100千克产量的成绩。但目前我国的人工养殖小龙虾与养殖业发达国家相比仍有很大差距，据报道，澳大利亚精养的小龙虾亩产量可达670千克以上，而国内普遍仅在75～150千克的水平，因此我们还有很大的科研空间可以挖掘。

（二）小龙虾的种类

小龙虾的种类繁多，由于地域关系及长期的进化，已经形成了许

注：1亩约为666.67平方米。

多种类。根据资料表明，全世界现已查明的小龙虾有590多个种和亚种，其中分布最多的是北美洲，有400多个种和亚种；其次是澳大利亚，有100多种；欧洲有15种；南美洲有8种；亚洲有7种；非洲原来只有马达加斯加岛有小龙虾，非洲大陆本没有小龙虾的分布，后来经人为引进，才形成了种群。我国土著小龙虾有4种，引进了多种，但最形成气候和市场价值的是原产于美国的小龙虾。根据目前掌握的资料，除了小龙虾和澳大利亚红螯虾外，其他的小龙虾具有养殖效益的主要有宽大太平螯虾、蓝魔虾和棘螯虾等。

（三）小龙虾的市场展望

小龙虾的市场非常广阔，不但在中国具有巨大的市场空间，在国外也是主要的出口水产品之一。由于小龙虾人工养殖量少，主要靠天然捕捞应市，从目前消费水平来看，小龙虾的自然资源远远满足不了国际、国内市场消费需求，发展小龙虾养殖是非常有前景的。

1.食用市场　小龙虾肉质鲜美，营养丰富，可食部分较多，已经成为人们喜爱的美味佳肴，家庭、饭店都常常以小龙虾为主打菜、招牌菜（图1–2）。

科研表明，小龙虾的可食部分达40%。虾尾肉占体重的15%～18%，可加工成虾仁、虾尾。虾肉中蛋白质含量占鲜重的17.62%，干虾米蛋白质含量高达50%以上，高于淡水所有鱼类和海水鱼虾类，超过鸡蛋的蛋白质含量，氨基酸总量占蛋白质的77.2%，脂肪含量为0.29%，具有防止胆固醇在人体内蓄积的作用，是一种高蛋白、低脂肪的健康食品。目前小龙虾已经

图 1–2　小龙虾的食用市场很大

风靡全球，我国江苏省盱眙县每年兴办的“龙虾节”闻名中外，其代表作品是“十三香龙虾”。每到5～9月，大街小巷的大排档食肆就会刮起一股“小龙虾风暴”，尤其是夜间大排档的景象最为“壮观”。

“十三香龙虾”是盱眙当地人用30多种野生中药材做调料，配以独特的烹饪技法烹制而成，自20世纪90年代中期问世以来“红”遍全国，久盛不衰。每年5～9月，都有大批游客自全国各地来盱眙品尝“十三香龙虾”。2001年开始，当地政府连续多年举办中国小龙虾节，打造盱眙小龙虾品牌。每年的小龙虾食用季节，盱眙县每天要向长三角各大中城市供应小龙虾120吨以上。

紧张的市场供求关系使得小龙虾的价格飙升。从2005年开始，全国各大城市需求量大增，小龙虾价格持续火爆，在武汉、南京、上海、北京、合肥等大中城市，一年消费量都在万吨以上。在这些大中城市，一个晚上全市饭店、大排档的小龙虾销售量在15吨左右。据报道，仅南京市场每年6～9月，日消费小龙虾就达70～80吨。如果供货渠道仅为野生小龙虾，只能满足市场需求的1/30。因此可以说小龙虾市场缺口极大，人工养殖小龙虾是提供市场资源的主要手段。

2.药用和保健市场 研究表明，小龙虾含有人体所需的多种矿物质，矿物质含量为1.6%，富含维生素A、维生素C、维生素D，远远超过畜禽肉。小龙虾的蛋白质中，含有较多的原肌球蛋白和副肌球蛋白，肌肉纤维细嫩，易于人体消化吸收，经常食用小龙虾，具有补肾、壮阳、滋阴、健胃的功能，可提高运动耐力。小龙虾的虾壳和虾肉含有非常丰富的铁、钙和胡萝卜素，对人体健康很有利。小龙虾对多种疾病都有疗效，将蟹、虾壳和栀子焙成粉末，可治疗神经痛、风湿、小儿麻痹、癫痫、胃病及妇科病等，美国还利用小龙虾壳制造止血药。另外，小龙虾还具有化痰止咳、促进手术后的伤口生肌愈合的作用；有降血糖、降血脂、降血压的作用；具有活化细胞、抑制老化、恢复各个器官功能的作用；具有调节自律神经，促进末梢循环的作用。

3.饲料原料市场 小龙虾除去甲壳后，是许多鱼类和经济水产动物重要的饵料来源。1998年以前，长江中下游地区的小龙虾和小杂鱼是作为河蟹养殖的主要动物性饲料来源。日本开始人工养殖的小龙虾主要是作为饲养牛蛙、鳗鱼的饵料。

4.工业市场 小龙虾虾头和虾壳含有20%的虾壳素，甲壳加工投资少，加工增值潜力很大，效益非常高。根据资料表明，从小龙虾甲壳中提取的虾青素、虾红素、甲壳素、几丁质、甲壳糖胺、鞣酸及其衍生物被广泛应用于食品、医药、工业、农业和环保等方面。据报道，目前小龙虾是我国提取甲壳素的主要原料，我国出口加工行业的兴起已经带出一批以提炼甲壳素产品为主的生物化工企业，每年生产10万余吨甲壳素的终端产品，经济价值超过320亿元。

5.国外市场 从国际市场看，小龙虾销售市场前景广阔，国外很多国家都有吃小龙虾的习惯，尤其是欧美国家更是小龙虾的主要消费国，他们喜欢的虾仁、虾黄及整条虾，进口量最近几年迅速增加，目前我国经冷冻或速冻的小龙虾虾仁已销往日本、欧美、东南亚、澳大利亚等国家和地区。

在美国，小龙虾不仅是重要的食用虾类，还是垂钓的重要饵料，年消费量达6万～8万吨，自给能力不足1/3，所以市场缺口较大。西欧市场一年消费小龙虾6万～8万吨，而西欧自给能力仅占总消费量的20%。据卢森堡的欧洲数据统计部门数据显示，1999年，中国出口小龙虾仁就达4 000～5 000吨，其中2 000吨出口欧洲。瑞典更是小龙虾的狂热消费国，每年均要举行为期3周的小龙虾节，单单从我国进口的小龙虾就达5万～10万吨，我国出口小龙虾的第一单生意就是销往瑞典。

目前，我国已经形成捕捉、收购、经销、加工、对外销售和生物化工一条龙的经济行业，为小龙虾规模化养殖提供了产品销售保障。

（四）小龙虾养殖模式的探索

近年来，我国对小龙虾的养殖进行了各种模式的尝试与探索，其中利用稻田养殖小龙虾已经成为主要的养殖模式之一，而且养殖技术已经日益成熟。

由于小龙虾对水质和饲养场地的条件要求不高，加之我国许多地区都有稻田养鱼的传统，在养鱼效益下降的情况下，推广稻田养殖小龙虾可为稻田除草、除害虫、少施化肥、少喷农药。有些地区还采取中稻和小龙虾轮作的模式，特别是那些只能种植一季的低洼田、冷浸田，采取中稻和小龙虾轮作的模式，经济效益很可观。在不影响中稻产量的情况下，每亩可出产小龙虾100千克左右。

根据国外经验和国内不同地区的养殖模式试验，我们对小龙虾的各种养殖模式进行了科学总结，认为小龙虾主要的养殖模式有以下几种。

1.池塘精养小龙虾的养殖模式 主要是通过对池塘进行科学改造，完善池塘的进排水系统和防逃设施，然后按设计要求，在规定的区域内种植挺水植物或沉水植物，同时每亩投放300千克的螺蛳，每亩投放虾种30～40千克，加强日常管理和科学投喂，一般亩产量在200千克左右（图1-3）。

图 1-3 池塘精养小龙虾

2.池塘混养小龙虾的养殖模式 这种模式的主要原理和操作过程与池塘精养小龙虾是一样的，唯一不同的是这种模式可以混养鱼类。根据目前全国各地的试验，混养模式主要有四大家鱼亲鱼塘混养小龙虾、四大家鱼成鱼养殖池混养小龙虾、小龙虾和鲌鱼混养、小龙虾和鳜鱼混养、小龙虾与河蟹混养等。值得注意的是，混养鱼类时一定不能混养乌鳢、鲤鱼、鲶鱼、黄鳝、泥鳅、鲶鱼等。

图 1-4 湖泊养殖小龙虾

3.湖泊养殖小龙虾的模式　这种模式属于粗放式的养殖，主要技术要点是选择带有丰富水草的浅水型湖泊，在预定的养殖区域内用围网做好防逃设施，做好敌害的清除工作，加强日常管理（图1–4）。这种模式目前在我国浅水型的草型湖泊中是很实用的，而且在全球其他地方也被充分应用。

4.草荡养殖小龙虾的模式和沼泽地养殖小龙虾的模式　这两种模式和湖泊养殖模式基本相同，主要在澳大利亚等国家广为应用。澳大利亚是近20年来小龙虾养殖发展最快的国家，主要利用本地产的小龙虾资源，在草荡、沼泽地粗放养殖，不需要人工投喂，也不需要建设防逃设施，只要进行简单管理即可，平均单产为每亩25千克左右。

5.利用沟渠和庭院养殖小龙虾的模式　这两种模式在我国南方比较常见，具有管理方便的优点，主要技术要点是养殖沟渠水域的选择、庭院养殖池的改造、日常管理等工作。

6.稻田养殖小龙虾的模式　这种模式目前在全球各地都有广泛的应用，在我国也是最主要的养殖方式。主要技术要点是稻田的选择、虾沟的开挖、虾沟内水草的栽种与护理、防逃设施的准备、水稻栽培技术、小龙虾的科学放养、不同季节的水位调节、科学的投饵管理、正确的施肥和施药方法等。根据虾的养殖季节、养殖方式、混养鱼类及种稻季节等不同而细分为不同的养殖方式。

我国稻田养殖龙虾的模式主要是稻虾的兼作、轮作和间作等多种模式。

（1）稻虾兼作型（图1–5）：就是边种稻边养虾，稻虾两不误，力争双丰收，在兼作中有单季稻养虾和双季稻养虾的区别。

图1–5　稻虾兼作

①单季稻养虾，就是在一季稻田中养小龙虾。江苏、四川、贵

州、浙江和安徽等地利用单季稻田养小龙虾的较多，单季稻主要是中稻田，也有用早稻田养殖小龙虾的。在这些地方，有许多低洼田或冷浸田一年只种植一季中稻，9月份稻谷收割后，田地一直要空闲到第二年的6月初再栽种中稻。在冬闲季节和早春季节利用这些田养殖小龙虾或进行小龙虾的保种育种，经济效益是非常可观的。

②双季稻养虾，就是在同一稻田连种两季水稻，虾也在这两季稻田中连养，不需转养。双季稻就是将早稻和晚稻连种，这样可以有效地利用一早一晚的光合作用，促进稻谷成熟，广东、广西、湖南、湖北等地利用双季稻田养小龙虾的较多。无论是一季稻还是双季稻，它们有一点是相同的，就是在稻子收割后稻草还田，一方面可以为小龙虾提供隐蔽的场所，同时稻草本身可以作为小龙虾的饵料，在腐烂的过程中还可以培育出大量天然饵料。这种模式是利用稻田的浅水环境，同时种稻和养虾，不用给虾投喂饲料，让虾摄食稻田中的天然食物，不影响水稻的产量，每亩可产50千克左右的小龙虾。

（2）稻虾轮作型：就是种一季水稻，然后接着养一茬小龙虾的模式，做到动植物双方轮流种养殖。稻田种早稻时不养小龙虾，在早稻收割后立即加高田埂养小龙虾而不种稻。这种模式在广东、广西等地推广较快，它可以利用当地光照时间长的优点，当早稻收割后，加深水位，人为形成一个个深浅适宜的“稻田型池塘”，养虾时间较长，小龙虾产量较高，经济效益非常好。

（3）稻虾间作型：这种方式利用较少，主要是在华南地区采用，就是利用稻田栽秧前的间隙培育小龙虾，然后将小龙虾起捕出售，稻田单独用来栽晚稻或中稻。

7.网箱养殖小龙虾的模式　这是一种高投入、高回报、高风险的养殖模式，主要技术要点有网箱设置地点的选择、网箱的安置、虾种的放养、科学管理等。

8.小龙虾与经济水生作物的混养或轮作模式　可以和小龙虾进行混养的水生经济植物有莲藕、芡实、茭白、菱角、水芹等。这种养殖模式的关键要点是小龙虾的饵料生物或饲料要充足，不能让小龙虾采食新鲜的水生植物嫩芽。

二、小龙虾的生物学特性

（一）形态特征

1.外部形态（图1-6、图1-7）　小龙虾的体形稍平扁，体表包裹着一层由几丁质组成的外骨骼，从而形成坚硬的甲壳，俗称虾壳，主要起保护内部柔软机体和附着筋肉之用。身体由头胸部和腹部共20节组成，头胸部粗大，腹部自前向后逐步变小。其中头部5节，胸部8节，腹部有7节，除尾节无附肢外共有附肢19对。各体节之间以薄而坚韧的膜相连，使体节可以自由活动。

小龙虾的头部呈圆筒形，前端有一水平方向前伸的扁平额角，呈三角形。额角表面中部凹陷，两侧有隆脊，尖端锐刺状。头胸甲背部有4条沿身体纵轴方向排列的脊。头胸甲在体侧部形成鳃甲。头部有小触须1对，具有嗅觉、触觉、平衡的功能；大触须1对，具有嗅觉、触觉的功能；大颚1对，是主要的咀嚼食物器官。另外还有第1小颚和第2小颚各1对，主要起辅助摄食、激动鳃室内水流动的作用。

图1-6　小龙虾的外形

腹部共有7节，腹部第2

节至第5节下面都有1对附肢，称为腹足或游泳足，有激动水流、抱卵和保护幼体的功能。腹部第6节附肢向后伸展、加宽称尾足，并与尾节组成尾扇，小龙虾尾部有5片强大的尾扇，能控制虾在水中的平衡以及升降、向后退缩等运动。另外，雌虾在抱卵期和孵化期，尾扇均向内弯曲，在爬行或受到敌害惊扰时，以保护受精卵或稚虾免受损害。雌虾生殖孔1对，位于第3对步足基部，雄虾在第5对步足基部有1对生殖突，演变成钙质管状交接器。此外，在额剑基部两侧有复眼1对，横接于眼柄末端，可以自由活动。

胸部有5对步足，第1对呈粗壮的螯状，俗称大螯，是主要的防御敌害、攻击食物、捕食工具。第2对、第3对为钳状，具有摄食、运动、清洗的作用。第4对、第5对为爪状，具有运动、清洗的作用。在头胸部的前端还有3对触角，1对大触角，2对小触角，具有感觉和协助摄食的作用。

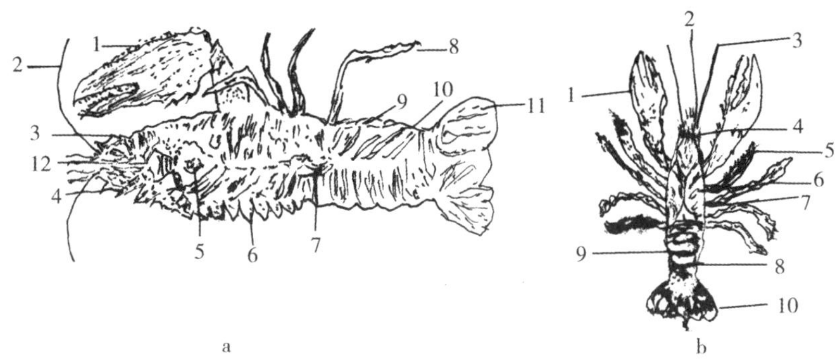

a

1. 大螯　2. 大触角　3. 头胸甲　4. 额剑　5. 口　6. 鳃　7. 输精管　8. 胸足　9. 交接棒　10. 游泳足　11. 尾扇　12. 小触角

b

1. 大螯　2. 小触角　3. 大触角　4. 额剑　5. 胸足　6. 肝脏　7. 头胸甲　8. 游泳足　9. 腹部　10. 尾扇

图 1-7　小龙虾外部特征示意

2.内部结构　小龙虾的体内无脊椎，整个体内分为呼吸系统、消化系统、神经系统、循环系统、排泄系统、内分泌系统、生殖系统、肌肉运动系统（图1-8）。

（1）呼吸系统：鳃属于小龙虾的呼吸系统，在鳃腔内共有17对鳃，鳃上密布细小的鳃丝。小龙虾在呼吸时，颚足激动水流进入鳃腔，水流经过鳃丝完成气体交换，带走废气，留下充足的氧气。

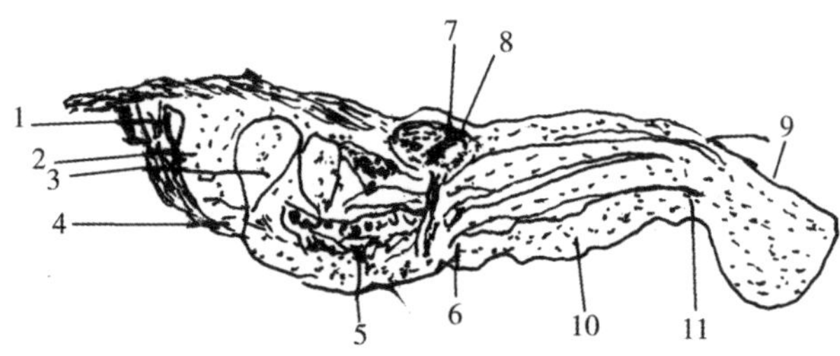

图 1-8 小龙虾内部结构示意

1. 脑 2. 绿腺 3. 胃 4. 口 5. 卵巢 6. 储精囊 7. 心脏 8. 心包腔 9. 背动脑 10. 腹部 11. 肛门

（2）消化系统：主要包括口、食道、胃、肠、肝、胰脏、直肠、肛门，首先小龙虾通过螯足捕获食物，然后食物经过口直接送入食道，在食道处经过简单的消化后形成食团，进入胃部做简单的储藏并进一步消化，随后食团进入肠管，进行深层次的消化和吸收，最后形成的粪便通过直肠，到达开口于尾节的肛门并及时排泄。

（3）神经系统：包括神经节、神经和神经索，神经系统可以有效地调控小龙虾的生长、蜕壳及生殖生理过程。

（4）循环系统：小龙虾的循环系统比较原始，是一种开管式循环系统，总的来说是不发达的，主要包括心脏、血液和血管。值得注意的是，小龙虾的血液是透明的液体。

（5）排泄系统：在头部大触角基部内部有一对绿色腺体，称为绿腺，这是小龙虾的主要排泄器官，腺体后连接有膀胱，开口于体外，能及时将一些体内生成的废物排泄出去。

（6）内分泌系统：小龙虾的内分泌系统非常简单，常常与其他结构组合在一起而被人们忽视，所以长期以来人们并不完全了解它的作用，以至于在许多资料中并没有提及小龙虾有内分泌系统这一说法。

（7）生殖系统：小龙虾的生殖系统是比较发达的，不但担负着种族延续的重任，而且在生产中对苗种的供应起着决定性的作用。小龙虾雌雄异体，雄性生殖系统包括精巢1对，输精管1对，生殖突1对；雌性生殖系统包括卵巢1对，输卵管1对，生殖孔1个。值得注意的是雄性小龙虾的交接器和雌性小龙虾的储精囊都不属于生殖系统，但是它们在小龙虾的生殖过程中起着非常重要的作用，有人把交接器和储精囊形象地称为生殖系统附属机构。

（8）肌肉运动系统：小龙虾的肌肉运动系统由肌肉和甲壳组成，甲壳又被称为外骨骼，起着支撑的作用，在肌肉的牵动下起着运动的功能。

（二）栖息习性

在自然情况下，小龙虾喜温怕光，为夜行性动物，营底栖爬行生活，有明显的昼夜垂直移动现象，白天光线强烈时常潜伏在水体底部光线较暗的角落、石砾、水草、石块旁，草丛或洞穴中，光线微弱时或夜晚出来摄食。但是在人工养殖时，由于小龙虾的养殖密度大，食物饵料丰富，有时在白天也会出来摄食。

从调查情况看，小龙虾对水体要求较低，几乎能在各种水体中生存，广泛栖息于湖泊、河流、池塘、水库、沼泽、沟渠及稻田中，甚至在一些鱼类难以存活的水体也能生存，但在食物较为丰富的静水沟渠、稻田、池塘和浅水草型湖泊中较多（图1-9），说明该虾对水体的富营养化及低氧也有较强的适应性。另外，小龙虾喜欢水位较为稳定的水体，在那些长期水位稳定的水体中，小龙虾的分布是比较多的。因此，我们在稻田中养殖小龙虾时，除了必要的水位调节外，要尽可能保持稻田水位的长期稳定。

图 1-9　小龙虾喜欢栖息在浅水多草的环境中

小龙虾的栖息地多为土质，尤其是腐质殖较多的土质，那些含有较多水草、树根或石块等隐蔽物的泥质，更是小龙虾的理想场所。在那些容积较大的水体中，例如几百亩连片养殖的稻田，小龙虾栖息的地点常有季节性移动现象，主要表现是当春天水温上升时，小龙虾多在浅水处活动，而在盛夏水温较高时就向深水处移动，冬季在洞穴中越冬。

（三）迁徙习性

小龙虾有较强的攀缘能力和迁徙能力，在稻田中缺少饵料、受农药或化肥污染及其他生物、理化因子发生剧烈变化而不适的情况下，常常爬出稻田向外活动，从一个稻田迁徙到另一个稻田。另外，小龙虾有喜欢逆水游泳的习性，它们逆水上溯的能力很强，这也是小龙虾在下大雨时常随水流爬出养殖稻田的原因之一。还有一点值得注意的是，刚刚放养到稻田的小龙虾，新的水体环境与原有的水体环境可能会略有差异，导致它们会产生不适应感或产生应激性，一般都会出现迁徙逃跑的现象。所以在养殖时，我们不能忽视它的迁徙能力，在小龙虾放养前就要做好防逃设施的安装工作，在汛期和雨季要加强巡田工作，减少因迁徙而造成的逃虾事故。

（四）掘穴习性

小龙虾与河蟹很相似，有一对特别发达的螯，这对大螯的功用性较强，除了御敌、捕食外，挖掘洞穴也是它的主要任务之一，可以这样说，小龙虾掘洞穴居的习性是它的主要特性之一，所以了解小龙虾的掘穴习性非常重要，故笔者将在本节对这一习性做重点探讨。

1.掘穴地点　经过我们对小龙虾养殖的不同水体尤其是稻田的调查，结果发现小龙虾掘洞能力较强，在没有水草、石块、杂物、网片及现有洞穴可供躲藏的稻田中，小龙虾会在24小时内在靠近水位线的田埂下挖洞穴居（图1–10）。所以要加强对稻田的巡视，注意观察那些被小龙虾打洞的田埂，尤其是那些和外界接壤的田埂更是巡视的重点。

2.掘穴形状与深度　洞穴的深浅、走向与稻田水位的波动、田埂的土质及小龙虾的生活周期有关。在水位升降幅度较大的稻田中（例如过勤施药或烤田而不断地升降水位）和虾的繁殖期，所掘洞穴较深；在水位稳定的稻田和虾的越冬期，所掘洞穴较浅；在5月左右的大生长期，只要虾沟和环形沟内的水草资源丰富，小龙虾基本不掘洞。洞穴的形状相对比较规则，一般呈圆形，向下倾斜，但曲折方向不一而足（图1–11）。

图 1–10　小龙虾喜欢在田埂上打洞

图 1–11　小龙虾的洞穴

我们曾经在滁州市全椒县和天长市进行调查，对122例小龙虾洞穴的调查与实地测量中，发现深度为30～80厘米的洞穴约占测量洞穴的78%，部分洞穴的深度可超过1米，我们在天长市杨村镇测量到最长的一处洞穴达1.94米，直径达7.4厘米。调查还发现，横向平面走向的小龙虾洞穴才有超过1米的可能，而垂直纵深向下的洞穴一般都比较浅。这个调查结果也警示养殖户，在做稻田田间工程时，千万不能因为舍不得花本钱，而放松对田埂的加高加固，我们建议稻田的田埂尤其是和外部环境接壤的田埂宽度要在2米左右，一定不能低于1米，否则小龙虾很有可能挖穿田埂而逃跑。

3.掘穴速度　小龙虾的掘洞速度是非常惊人的，尤其在放入一个新的生活环境中更是明显，它们特别爱在新鲜的土壤上打洞。2006年，我们在天长市牧马湖一块稻田中放入刚收购的小龙虾，经一夜后观察，在沙壤土中密布洞穴，大部分掘的新洞深度在40厘米左右。在编写本书时，我们也在考虑这样一个问题：小龙虾到了一个新的环境中，急于掘洞，除了要为自己寻找一个安身或隐蔽场所外，有没有想通过掘洞这个途径来逃跑的可能呢？不论这个问题的答案是什么，我们观察的这个结果也提醒养殖户，在放养小龙虾前一定要做好防逃设施，不要存在侥幸心理。

4.掘穴位置　我们在调查中发现，小龙虾掘洞是有讲究的，洞口位置通常选择在相对固定的水平面处（图 1－12），但这种选择性也会因水位的变化而使洞口高出或低于水平面，故而一般在水面上下20厘米处小龙虾洞口最多，这种情况在稻田中是很明显的。所以，为了尽可能地为小龙虾提供更多的掘穴环境，我们要在田间工程时加高田埂，确保田埂的高度超过稻田正常蓄水的50厘米以上。

图 1–12　小龙虾沿着水位线打洞

5.掘穴作用　实验观察表明，小龙虾喜阴怕光，光线微弱或黑暗时爬出洞穴，光线强烈或受到外界干扰时，则沉入水底或躲藏在洞穴中。小龙虾蜕壳生长和繁殖，也是在洞穴中进行的，可以有效地防止被其他动物伤害。因而，我们在开展稻田养殖小龙虾时，一定要在稻田的环沟或田间沟中种植丰富的水草，并适当增放人工巢穴，如瓦块、网片等，并加以相应的隐蔽技术措施，这样可以为小龙虾提供一些天然的“洞穴”，也能大大减轻小龙虾对田埂的破坏。

（五）生态环境

水体是小龙虾生存的环境，水质的好坏直接影响着小龙虾的健康和发育，良好的水质条件可以促进虾体的正常发育。小龙虾在pH值为5.8～8.2，温度为－15～40℃，溶氧量不低于1.5毫克/升的水体中都能生存，在我国大部分地区都能自然越冬。最适宜小龙虾生长的水体pH值为7.5～8.2，溶氧量为3毫克/升，水温为20～30℃，水体透明度为20～25厘米。了解这个基本习性后，我们在进行稻田养殖时，在不影响水稻生长发育和产量的前提下，要尽可能地在稻田这个小生态系统中模拟小龙虾最适的生态环境，促进小龙虾的快速生长，提高产量和产值。

（六）自我保护习性

图 1-13　小龙虾的自我保护

任何动物都有自我保护的习性，小龙虾也不例外，它用于自我保护的武器是那对粗壮有力的大螯（图1-13）。由于小龙虾的游泳能力较差，只能做短距离的游动，所以它常在水草丛中攀爬或栖息，抱住水体中的水草或悬浮物将身体侧卧于水面，一旦当它受到惊扰或遭受敌害侵袭时，便立即举起两只大螯摆出格斗的架势，同时利用其他的附肢迅速向后倒退，以便快速脱离危险。如果不能脱离危险时，它便会用那对大螯进行自卫，向对方狂舞乱摆，一旦钳住对方后就不轻易放松，放到水中才能松开。

（七）强烈的攻击行为

小龙虾的攻击性相当强，在争夺领地、抢占食物、竞争配偶时，这种攻击性更加明显。小龙虾在第二期幼体时就显示了强烈的种内攻击行为。当两只小龙虾相遇时，两虾都会将各自的两只大螯高高竖起，伸向对方，呈战斗状态。“狭路相逢勇者胜”，双方在对峙约10秒后，会立即发起攻击，直至一方承认失败并退却，这场战争才算告一段落。在这种情况下，如果一方是刚蜕壳的软壳虾，它的防御能力相当弱，此时极有可能成为对方的腹中之物。由于小龙虾是螯虾类动物中攻击性较强的物种，种群内个体间的相互攻击将导致个体的死亡，减缓种群扩散和导致生殖功能障碍等，对人工养殖是具有一定破坏作用的。因此，在人工养殖过程中应增加隐蔽物，增加环境复杂度，减少淡水螯虾直接接触发生战斗的机会。

（八）领地行为明显

小龙虾和河蟹一样具有强烈的领地行为，一旦同类进入它的领地，就会发生攻击行为。这种领地的表现形式就是掘洞，在洞穴内是不能容忍同类尤其是同一性别的小龙虾共处的，但生殖交配和抱卵时除外，主要是允许异性的进入。领地的大小不是一成不变的，小龙虾会根据时间和生态环境不同而做适当调整。这个行为提示养殖户，在稻田养殖小龙虾时，一定要多栽种水草、提供其他的隐蔽物或提供适宜的打洞环境，尽可能满足每只小龙虾的领地习性，这样就会减少它们互相争斗和残杀的机会。

（九）趋水习性

小龙虾和河蟹一样具有很强的趋水习性，喜欢新水、活水，在进排水口有活水进入时，它们会成群结队地溯水逃跑。在下雨时，由于受到新水的刺激，加上它们攀爬能力强，它们会集体顺着雨水流入的方向爬到岸边或停留或逃逸。所以在汛期时，稻田一定要做好平水缺的防逃工作，在进排水时也要做好进排水口的防逃措施。

（十）耐低氧习性

小龙虾利用空气中氧气的能力很强，有其他虾类难以具备的本领，一般水体溶氧量保持在3毫克/升以上，即可满足其生长所需。当水体溶氧不足时，该虾常攀缘到水体表层呼吸，或借助于水体中的杂草、树枝、石块等物，将身体偏转使一侧鳃腔处于水体表面呼吸，在水体缺氧的环境下它不但可以爬上岸来，甚至可以爬上陆地呼吸空气中的氧气。在阴暗、潮湿的环境条件下，该虾离开水体能成活一周以上。这个习性对于我们进行小龙虾销售十分有利，可以采用干法运输或长途运输，也可以进行暂养待价而沽。

（十一）温度忍受力强

小龙虾对高水温和低水温都有较强的适应性，这与它的分布地域跨越热带、亚热带和温带是一致的。其温度适应范围为0 ~ 37℃，在长江流域，冬天晚上将其带水置于室外，被冰冻住仍能成活，但该虾的最适温度范围为18 ~ 31℃。受精卵孵化和幼体发育水温在24 ~ 28℃。在稻田养殖时可以利用稻田和虾沟内的水草，在盛夏时节为小龙虾遮阴避暑，促进它的生长。

（十二）对农药敏感

小龙虾对重金属、某些农药（如敌百虫、菊酯类杀虫剂）非常敏感，因此养殖水体应符合国家颁布的渔业水质标准和无公害食品淡水水质标准。如用地下水养殖小龙虾，必须事前对地下水进行检测，以免重金属含量过高影响小龙虾的生长发育。在发展稻田养殖小龙虾时，有时为了防治水稻的一些疾病，可能需要施用一些药物，这时一定要注意不要施用敌百虫、敌杀死等农药，最好采用灯光诱虫或其他生物方法除虫。

（十三）食性与摄食

华中农业大学魏青山教授在1985年就对武汉地区的小龙虾食性进行了系统分析，经过细致的研究，结果表明小龙虾对食物是有一定的选择性的。其中植物性饵料成分占98%，主要是利用高等水生植物及丝状藻类，所以说小龙虾是一种以植物性食物为主的杂食性动物；动物类食物则以小鱼、小虾为主。总的来说，在自然界中，浮游生物、底栖生物、有机碎屑及各种谷物、饼类、蔬菜、陆生牧草、水体中的水生植物等都可以作为它的食物，但是在人工养殖时，小龙虾特别喜食人工配合饲料和屠宰下脚料。

小龙虾在不同的生长阶段，食性还是有一点区别的，刚从抱卵亲虾腹部孵化出来的幼体以卵黄囊为主要营养来源；第一次蜕壳后开始摄食浮游植物及小型枝角类幼体、轮虫等；以后就慢慢摄食各种饵料。这一点对我们进行小龙虾的人工孵化，为稻田养殖小龙虾提供大量的苗种来源是非常有帮助的，可以人为地有目的地提供相应的饵料。

小龙虾具有较强的耐饥饿能力，一般能耐饿3～5天；秋冬季节一般20～30天不进食也不会饿死。摄食的最适温度为25～30℃；水温低于15℃活动减弱；水温低于10℃或超过35℃摄食明显减少；水温在8℃以下时，进入越冬期，停止摄食。

小龙虾不仅摄食能力强，而且有贪食、争食的习性。在养殖密度大或者投饵量不足的情况下，小龙虾之间会自相残杀，尤其是正蜕壳或刚蜕壳的没有防御能力的软壳虾和幼虾常常被成年小龙虾捕食。因此，我们在稻田养殖时一定要多提供各种丰富的饵料，满足它们的摄食需求，减少相互间的残杀。

在人工养殖时，小龙虾喜欢吃的饵料主要有红虫、黄粉虫、水花生、眼子菜、鱼肉等，当然为了投喂的方便和营养的全面，我们还是建议大家投喂颗粒饲料。

（十四）蜕皮与蜕壳行为

小龙虾与其他甲壳动物一样，体表为很坚硬的几丁质外骨骼，因而其生长必须通过蜕掉体表的甲壳才能完成其突变性生长。在它的一生中，每蜕一次壳就能得到一次较大幅度的增长。所以，正常的蜕壳意味着生长的持续进行。

小龙虾的蜕壳与水温、营养及个体发育阶段密切相关。幼体一般4～6天蜕皮一次，离开母体进入开放水体的幼虾每5～8天蜕皮一次，后期幼虾的蜕皮间隔一般为8～20天，水温高，食物充足，发育阶段早，则蜕皮间隔短。从幼体到性成熟，小龙虾要进行11次以上的蜕皮。其中蚤状幼体阶段蜕皮2次，幼虾阶段蜕皮9次以上。

小龙虾的蜕壳时间大多在夜晚，我们在稻田中进行人工养殖时，有时白天也可见蜕皮（壳）现象。蜕壳前，小龙虾的体色会变得深黑，活动略有减缓的现象。蜕壳时，先是体液浓度增加，紧接着虾体侧卧，腹肢间歇性地缓缓划动，随后虾体急剧屈伸，将头胸甲与第一腹节背面交结处的关节膜裂开，再经几次突然性的连续跳动，新体就从裂缝中跃出旧壳。这个阶段持续时间几分钟至十几分钟不等，我们经过多次观察，发现身体健壮的小龙虾蜕壳时间多在8分钟左右，时间过长则小龙虾易死亡。蜕壳后水分从皮质层进入体内，身体增重、增大；体内的钙向皮质层转移，新的壳体于12～24小时后皮质层变硬、变厚，成为甲壳。进入越冬期的小龙虾，一般蛰居在洞穴中，不再蜕壳，并停止生长。小龙虾的蜕壳阶段是没有防御能力的，也是它们最易受敌害生物或同类侵食而引起死亡的危险期，因此在养殖时一定要注意多设置隐蔽场所，主要是在虾沟或田间沟内多栽水草，以供小龙虾蜕壳生长所需。当然，在稻谷收割时，将稻桩留得高一点也是一个不错的方法。

我们对小龙虾蜕皮和蜕壳情况做了调查，性成熟的亲虾一般一年蜕壳1～2次。据测量，全长8～11厘米的小龙虾每蜕一次壳，可增长1.2～1.5厘米。

（十五）生长

小龙虾是通过蜕壳来实现体重增加和体长增长的，每蜕壳一次，体长、体重就增长、增重一次。从稚虾长到成虾，要经历多次蜕壳。离开母体的幼虾在适宜的温度20~32℃条件下，很快进入第一次蜕皮，每一次蜕皮后其生长速度明显加快，在水温适宜、饲料充足的情况下，一般60 ~ 90天内长到体长8 ~ 12厘米，体重15 ~ 20克，最大可达30克以上的商品规格。

我们在安徽省滁州地区进行调查测量时发现，9月中旬脱离母体的幼虾平均全长约1.05厘米，平均体重0.038克，在池塘中养殖到第二年的4月，平均全长达8.7厘米，平均体重达24.7克。

（十六）寿命与生活史

小龙虾雄虾的寿命一般为20个月左右，雌虾的寿命为24个月左右。

小龙虾的生活史也并不复杂，雌雄亲虾交配后分别产生卵子和精子，并受精成为受精卵，然后进入洞穴中发育，受精卵和蚤状幼体都由雌虾单独保护完成，到一定时间后，抱卵虾离开洞穴，排放幼虾，离开母体保护的幼虾经过数次的蜕壳后就可以上市了，还有部分成虾则继续发育为亲虾，完成下一个生殖轮回（图1–14）。

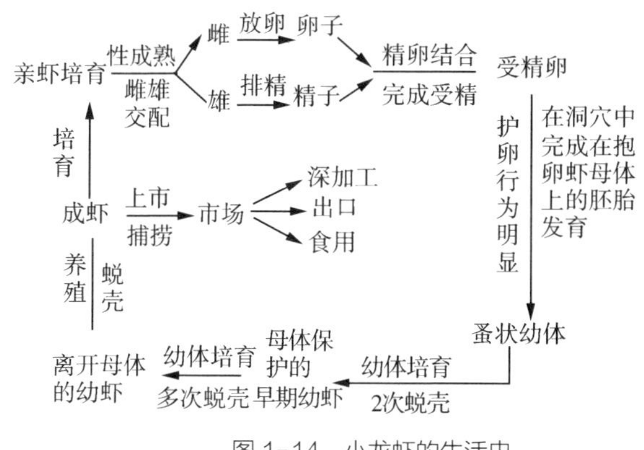

图 1–14　小龙虾的生活史

（十七）捕获季节

每年3～9月都可以捕捞小龙虾，其中3月中旬到5月上旬主要以捕捞上一年的抱卵孵化后的亲虾为主；而从5月中旬开始一直到8月则是小龙虾体形最为“丰满”的时候，这时候的小龙虾壳硬肉厚，也是人们捕捞和享用它的最佳时机；从8月下旬到9月，主要捕捞亲虾以供来年繁殖所用。最实用有效的捕捞方式是地笼捕捉，其他的捕捞方法也可以使用。

技巧二　田间工程建设是成功养虾的根本

一、稻田养虾的基础

小龙虾的稻田养殖是目前比较成功且效益较稳定的一种养殖模式，当然要想取得更好的经济效益，我们认为要重点抓好以下几点：科学准备、科学投种、科学投喂、科学防病、科学捕捞和科学管理（图2–1）。

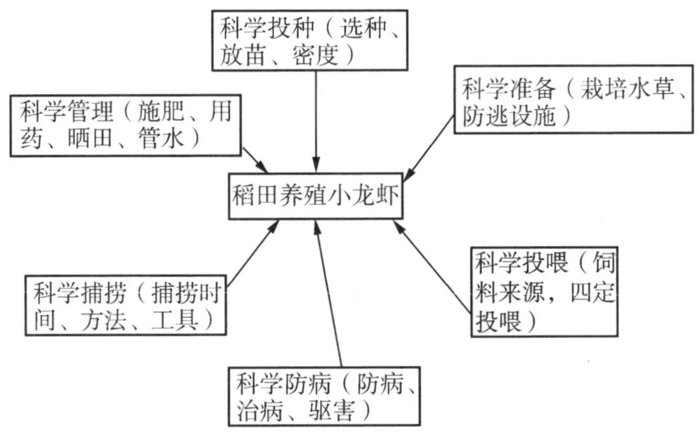

图 2–1　小龙虾的稻田高效养殖技术示意

（一）稻田养殖小龙虾的原理

在稻田里养殖小龙虾，是利用稻田的浅水环境，辅以人为措施，既种稻又养虾，以提高稻田单位面积效益的一种生产形式。

稻田养殖小龙虾共生原理的内涵就是以废补缺、互利共生、化害为利，在稻田养虾实践中，人们称为“稻田养虾，虾养稻”。稻田是一个人为控制的生态系统，稻田养了虾，促进稻田生态体系中能量和物质的良性循环，使其生态系统有了新的变化。稻田中的杂草、虫子、底栖生物和浮游生物对水稻来说不但是废物，而且都是争肥的，如果在稻田里放养鱼虾，特别是像小龙虾这一类杂食性的虾类，不仅可以利用这些生物作为饵料，促进小龙虾的生长，消除了争肥对象，而且小龙虾的粪便还为水稻提供了优质肥料。另外，小龙虾在田间栖息，游动觅食，疏松了土壤，破碎了土表着生藻类和氮化层的封固，有效地改善了土壤通气条件，又加速了肥料的分解，促进了稻谷生长，从而达到虾稻双丰收的目的。同时小龙虾在水稻田中还有除草保肥的作用和灭虫增肥的作用（图2-2）。

稻田养虾是一种高效立体生态农业，是动植物生产有机结合的典范，是农村种养殖立体开发的有效途径，其经济效益是单作水稻的1.5～3倍。

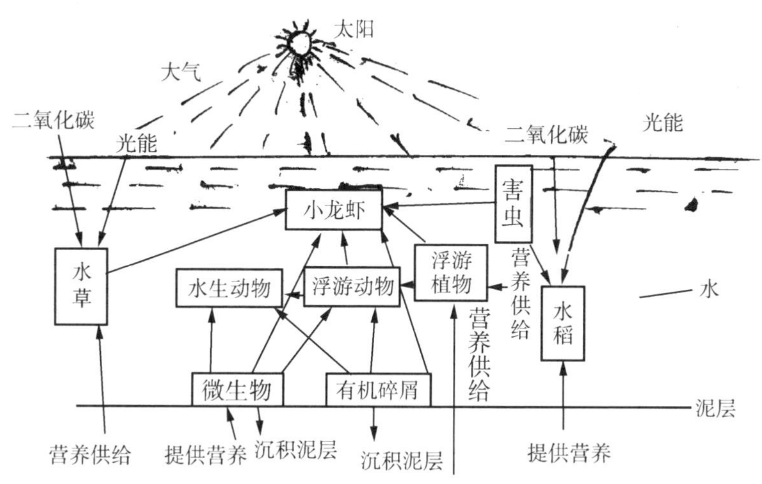

图2-2　稻田养小龙虾的物质循环示意

（二）稻田养殖小龙虾的优势

1.立体种养殖的模范　稻田养虾的田间工程只在稻田内开挖宽3米左右、深1.5米左右的环沟。通过连片开发，稻田小改大，减少了田埂道路，又增加了一些稻田面积，环沟占比可减少到3%～5%，加上环沟周边的水稻具有边行优势，采用边行密植后基本不会挤占种粮的空间，不与粮争地。在同一块稻田中既能种稻也能养虾，把植物和动物、种植业和养殖业有机结合起来，更好地保持农田生态系统物质和能量的良性循环，实现稻虾双丰收，是目前在全国农村广为推广的一种立体种养殖的典范模式（图2–3）。

图 2–3　稻田养小龙虾是立体养殖的典范

2.病害较少　稻田属于浅水环境，浅水期水深仅8厘米左右，深水时也不过25厘米左右，因而水温变化较大，因此为了保持水温的相对稳定，虾沟、虾溜等田间设施是必须要做的工程之一。另外，水中溶解氧充足，经常保持在4.5～5.5毫克/升，且水经常流动交换，放养密度又低，所以虾病较少。

3.激发了农民的种粮、养虾积极性　稻田养殖小龙虾的模式为淡水养殖增加了新的水域，它不需要占用现有养殖水面就可以充分利用稻田的空间和时间来达到增产增效的目的，开辟了养虾生产的新途径和新的养殖水域。由于在稻田养虾时，稻田的粮食产量稳中有升，稻谷单价也有所提高，加上养虾的收益，农民收入大幅增加，因此大大激发了农民种粮和养虾的积极性。以前无人问津的冷浸田、抛荒田，现在流转价格每亩达到七八百元，许多地方出现了“一田难求”的局面。

4.保护生态环境，有利于改良农村环境卫生　在稻田养殖小龙虾的生产实践中发现，利用稻田养殖小龙虾后，稻田里及附近的摇蚊幼虫密度明显地降低，最多可下降50%左右，成蚊密度也会下降15%左右，有利于提高人们的健康水平。

5.增加收入　由于在稻田里养虾是充分利用了物种间共生互利的优势，改善了稻田生态环境，把植物和动物、种植业和养殖业有机结合起来，更好地保持农田生态系统物质和能量的良性循环，实现稻鱼双丰收，加上虾在田间吃食害虫、清除杂草、和泥通风、排泄物增肥，水稻得到健康发育生长。通过连续3年测产验收结果表明，利用稻田养殖小龙虾后，稻田的平均产量不但没有下降，还会提高10%～20%，同时每亩地还能收获相当数量的成虾，相对地降低了农业成本，增加了农民的实际收入（图2–4）。

图 2-4　收获的小龙虾增加了农民收入

6.提高了粮食品质和效益　通过稻田种养新技术的实施，在同一块稻田中既能种稻也能养虾，化肥和农药大量减少，而虾的粪便可以使土壤增肥，从而减少了化肥的施用，而有机肥和微生物制剂的使用促进了土壤恢复，提高了综合生产能力。根据研究和试验，稻田中实施养虾后，稻田生境得到很大改良和修复，免耕稻田应用养虾技术基本不用药，每亩化肥施用量仅为正常种植水稻的1/5左右。因此生产的粮食品质得到很大提高，大米的售价从4元/千克左右提高到20～80元/千克，种粮的效益也大幅提高，稻田的综合效益比单一种稻大大提高。

（三）养虾稻田的生态条件

养虾稻田为了夺取高产，获得稻虾双丰收，需要一定的生态条件做保证，根据稻田养虾的原理，我们认为养虾的稻田应具备以下几个生态条件：

1.水温要适宜　一方面稻田水浅，一般水温受气温影响较大，有昼夜和季节变化，因此稻田里的水温比池塘的水温更易受环境的影响；另一方面小龙虾是变温动物，它的新陈代谢强度直接受到水温的影响，所以稻田水温将直接影响稻禾的生长和小龙虾的生长。为了获取稻虾双丰收，必须为它们提供合适的水温条件。

2.光照要充足 光照不但是水稻和稻田中一些植物进行光合作用的能量来源，也是小龙虾生长发育所必需的，因此可以这样说，光照条件直接影响稻谷产量和小龙虾的产量。每年的6～7月，秧苗很小，因此阳光可直接照射到田面上，促使稻田水温升高，浮游生物迅速繁殖，为小龙虾生长提供了饵料。水稻生长至中后期时，也是温度最高的季节，此时稻禾茂密，正好可以用来为小龙虾遮阴、蜕壳、躲藏提供条件，有利于小龙虾的生长发育。

3.水源要充足 为了保持新鲜的水质，水源的供应一定要及时充足，一是将养虾稻田选择在无断流的小河小溪旁；二是可以在稻田旁边人工挖掘机井，可随时充水；三是将稻田选择在池塘边，利用池塘水来保证水源。

如果水源不充足或得不到保障，是万万不可养虾的。

4.溶氧要充分 稻田水中溶解氧的来源主要是大气中的氧气溶入和水稻及一些浮游植物的光合作用，因而氧气是非常充分的。科研表明，水体中的溶氧越高，小龙虾摄食量就越多，生长也越快。因此，长时间地维持稻田养虾水体较高的溶氧量，可以增加小龙虾的产量。

要使养殖小龙虾的稻田能长时间保持较高的溶氧量，一是适当加大养虾水体，主要技术措施是通过挖虾沟、虾溜和环沟来实现；二是尽可能地创造条件，保持微流水环境；三是经常换冲水；四是及时清除田中小龙虾未吃完的剩饵和其他生物尸体等有机物质，减少它们因腐败而导致水质的恶化。

5.天然饵料要丰富 一般稻田由于水浅，温度高，光照充足，溶氧量高，适宜水生植物生长，植物的有机碎屑又为底栖生物、水生昆虫及其幼虫繁殖生长创造了条件，从而为稻田中的小龙虾提供了较为丰富的天然饵料，有利于小龙虾的生长。

（四）稻田养虾是基本无风险的模式

在进行技术推广和试验示范过程中，许多老百姓都津津乐道地说稻虾连作共作模式是一种基本无风险的种养模式，为什么这样说呢？

一是稻田养殖小龙虾是一年投入多年受益的好项目，在稻田里进行小龙虾养殖的最大投入有两点：第一是田间工程建设，主要是田间沟的开挖和防逃设施及防鸟设施的投入；第二是苗种的投入，田间工程一旦按标准建设好后，至少可以保证七八年的养殖，而小龙虾亲虾入田后，常年捕捞也会源源不断地有小龙虾供应，以后也不再需要田间工程建设和苗种的投入了，因此养殖户没有继续投入上的风险。

二是小龙虾的市场前景广阔，人们爱吃，老少皆宜，市场长期处于供不应求的状态，因此养殖户没有销售上的风险。

三是小龙虾的食性杂，饲料来源多样化，既可以投喂配合饲料，也可以投喂农村中常见的各种农产品，而且它的食量也很小，因此养殖户没有饲料投入上的风险

四是利用稻田养殖小龙虾，主要是采用生态养殖的方式，小龙虾吃稻田里的昆虫和杂物，水稻吸收小龙虾的排泄物，整个生态系统没有污染物的排放，从生态环保的角度上看，没有污染的风险。

五是利用稻田养殖小龙虾，即使小龙虾价格较低，但水稻的产量可确保在550千克/亩左右，也不至于亏本，而小龙虾的收入全部是额外的，因此养殖户没有收入降低的风险。

六是在稻田里养殖小龙虾，技术已经成熟，在高温疾病到来之际，小龙虾基本上已经打洞繁殖，很少再进行投喂以及其他的管理，因此养殖户没有技术上的风险。

（五）稻田养虾需要关注的九大配套技术

1.配套水稻栽培新技术（图2–5） 在稻田养虾过程中，各地的种养户们发挥聪明才智，创造性地配套了许多水稻栽培新技术。比如：在稻虾共作中，有的地方采用了双行靠、边行密的插秧方式；有的地方采用了大垄双行、沟边密植的插秧方式；

图2–5　配套水稻栽培新技术

有的地方采用了合理密植、环沟加密的插秧方式；有的地方采用了稻田免耕直播技术等。

2.配套水产健康养殖关键技术　在稻田里养殖小龙虾，配套了健康养殖的关键技术，比如防逃设施、田间栽种水草的技术措施、生物活饵料的培育技术措施等。

3.配套种养茬口衔接关键技术　为了实现种养两不误，茬口的衔接很关键，各地都根据具体情况做了很好的安排，例如安徽省滁州地区的稻田养小龙虾，在茬口的衔接上是这样安排的，每年的6月15日前将稻田里达到上市规格的小龙虾全部出售，然后迅速降水，采用免耕的方式插秧，秧苗全部在6月25日前栽插完毕，然后按水稻的正常管理就可以了。要求水稻的生长期控制在140天左右，不能超过150天（含秧龄30天）。到10月20日左右收割稻谷，然后留桩并灌水用于养虾，一直到第二年的6月。

4.配套施肥技术　在稻田养虾前，水稻生产的施肥主要依赖于化肥，大量化肥的使用引发生态环境问题。在稻田养虾的实施过程中，各地根据本地实际并通过科研单位的参与，按“基肥为主，追肥为辅”的思路，对稻田施肥技术进行改造。应用了一批适用于稻田综合种养的配套施肥技术，例如：安徽采用基追结合分段施肥技术，就是将施肥分为基肥和追肥两个阶段，主要采用了“以基肥为主、以追肥为辅、追肥少量多次”的技术；有的地方采取“基肥重、蘖肥控、穗肥巧”的施肥原则，施足基肥，减少追肥，以基肥为主，追肥为辅；还有一些地方除了稻茬沤制肥水外，每亩还要施基肥150～200千克，即在稻田四角浅水处堆放经过发酵的有机粪肥，用来培育小龙虾苗种喜食的轮虫、枝角类及桡足类等浮游动物，使小龙虾苗种一下塘就可以捕食到充足的、营养价值全面的天然饵料生物，增强其体质和对新环境的适应能力，提高放养成活率等。

5.配套病虫草害防控技术　在稻田养虾前，对稻田害虫和杂草的控制主要依靠化学药物，造成了农药残留、污染环境问题。在稻田养虾的实施过程中，提出了“生态防控为主、降低农药使用量”的防控技术思路。主要技术方案包括生物群落重建技术、稻田共作生物控虫技术和稻田工程生物控草技术等。

6.配套水质调控关键技术 在稻田养虾前，虽然有形成并应用了部分水质调控的技术，但没有形成系统性水质调控思路，调控不精准，效果也不稳定。为此，各地专门研究了综合种养水质的各方面以及各阶段的要求，提出了系统性的水质调控技术方案。这些方案包括物理调控技术、化学调控技术、水位调控技术、底质调控技术、水色调控技术、种植水草调控技术、密度调控技术等。

7.配套田间工程技术 针对稻田种养田间工程改造出现的问题，稻田养虾也规定了田间工作设计的基本原则：一是不能破坏稻田的耕作层；二是稻田开沟不得超过面积的10%。通过合理优化田沟、虾溜的大小、深度，利用宽窄行、边际加密的插秧技术，保证水稻产量不降低。同时，工程设计上充分考虑了机械化操作的要求，总结集成了一批适合不同地区稻田种养的田间工程改造技术。

8.配套捕捞关键技术 在20世纪80年代推广的稻田养鱼，对在稻田里养殖的水产品的捕捞往往采用水产养殖传统的捕捞技术，但由于稻田水位较浅，环境也较池塘复杂，生搬池塘捕捞方法难以满足稻田种养的需要。因此，在现阶段，各地针对稻田水深浅，充分利用虾沟、虾溜，根据小龙虾的生物习性，采用地笼诱捕、堆草、排水干田、流水迫聚等辅助手段提高了起捕率、成活率。

9.配套质量控制关键技术 在发展稻田养虾过程中，水产技术推广部门对与稻田产品质量安全相关的稻田环境、水稻种植、水产养殖、捕捞、加工、流通等各个环节的生产过程及过程中投入品的质量控制要求进行了总结，提出了各环节质量控制应执行的标准和采用的技术手段。

（六）稻田养殖小龙虾的七大管理措施

1.肥水养虾的措施 一是在稻田养殖前期正值水草生根发芽旺盛期，对营养的需求较大，需要持续地肥水，以促进水草的生长发育；二是对稻田早期定期肥水，可以培养浮游生物，既有利于稳定水质，又能为小龙虾苗提供天然饵料；三是及时肥水还能有效抑制稻田里萌发的青苔。

2.种草养虾的措施

水草对小龙虾养殖的作用前文已经有阐述，这里不再赘述，更重要的是水草对水体有相当好的净化作用，尤其在稻田水质较差时更需要水草来充当“净化者”（图2–6）。

图 2-6　种草养小龙虾

3.控制密度的措施

任何水体对生物的承载量都有一定的限度，稻田也是如此，当稻田承载的生物对水质的污染超过稻田自我调节能力的时候，就会带来一系列的养殖问题。因此一定要控制养殖密度，当密度过高时易出现稻田底质和水质持续恶化、小龙虾缺氧爬到埂边或水草死亡及水草大量被夹断等情况。在5月份小龙虾发病阶段，密度过高会加剧小龙虾的交叉感染，增加发病率和死亡率。而密度过低时，又会浪费水体环境，起不到稻田种养的效果。

4.合理投喂的措施　在养殖小龙虾时，即使饲料的质量非常好，也不能说饲料投得越足越好，而是应根据天气、水质溶氧、小龙虾的摄食欲望等状况来确定投喂量。正常天气适量投喂，变天及闷热天减少投喂量，尤其在高温季节，更要注意把握饲料的投喂量。因为天气变化了，投入的饲料并没有被小龙虾吃完，未被利用的饲料会污染稻田。养殖前期小龙虾在环沟深水位置居多，密度本来就大，这时环沟过量的投喂会加重沟底的污染，易引起小龙虾缺氧、发病，甚至死亡，所以要注意环沟饲料的投喂量。

5.定期改善环境的措施　好的环境利于小龙虾的摄食生长，在稻田养虾过程中，腐烂的稻秆、青苔、残饵粪便、生物碎屑等有机质会造成底质水质的恶化，所以平时要注重环境的改善，定期调水解毒，改底增氧。

6.保健养虾的措施　通过让小龙虾内服营养保健剂，可以有效地增进小龙虾摄食、促进消化、提高免疫力、抵抗疾病、减少伤亡。

7.增加溶氧的措施 在稻田养虾时，收割水稻后残留大量的稻秆，这些稻秆在腐烂过程中会不断地消耗氧气，导致溶氧低成为稻田养虾的最大限制因素。尤其是进入4月份，水温渐渐升高，稻秆发酵腐烂速度加快，水质开始发黑发红，小龙虾上草爬边现象频发，甚至缺氧中毒死亡，低氧或缺氧成了常态。这时就要采取措施来加大增氧力度，可通过在环沟中增设推水设备的方式让田间沟里的水流动起来，确保水体中的溶氧充足，稻秆分解转化快，毒性产物少，这时的稻秆既是肥料的来源，也可充当小龙虾的饵料。只有溶氧充足，小龙虾才能正常摄食、蜕壳生长（图2-7）。

图 2-7　增加溶氧有利于小龙虾养殖

（七）当前小龙虾养殖存在的问题

当前，水产品质量安全已成为社会敏感问题、热点问题。如果我们不注意、不正视这些问题，将严重影响整个产业的健康发展。我们在调研和推广稻田养殖小龙虾技术时，也发现了小龙虾养殖在发展过程中存在的一些问题。

1.小龙虾种质有退化的现象 经过多年的养殖后，稻田中的小龙虾基本上都是自繁自育，导致目前养殖的小龙虾性早熟现象比较严重。过早性成熟，导致小龙虾的体内从饲料里吸收的营养和能量有相当一部分都用于性腺发育，用于身体生长的能量不足，表现出商品虾规格较小，养殖产量也随之下降，造成这种现象的原因主要是亲本不能及时更新。因此在养殖过程中，一方面要加强种质提纯复壮的工作，充分利用稻田开展小龙虾的育苗批量生产；另一方面稻田的养殖环境不佳，长期以来对稻田过度开发利用，而缺少环境修复的手段，导致养虾稻田虾沟里的水草资源稀少，天然栖息环境恶劣。另外，虾沟里的淤泥沉积造成水位过浅、水质过肥等也是导致小龙虾性早熟的原因。

2.小龙虾苗种的繁育关键技术还需要进一步取得突破　主要是改变传统的育苗思路，例如安徽省全椒稻虾养殖模式中，就根据全椒当地的水稻栽插时间，开展小龙虾秋繁技术的示范与推广，可以让来年的苗种批量供应提前至3月底4月初，确保当年养殖取得明显的经济效益。

3.稻虾连作共作过程中的健康养殖技术有待提升　主要是养殖标准化问题还没有达到全国统一，可以参照河蟹稻田养殖主要技术，规范并提升小龙虾养殖技术，建立稻虾连作及种养结合的标准化模式。

4.一部分人在一定程度上对稻田养虾的认识缺乏科学性　他们认为只要有一块稻田就可以养小龙虾，这种观点是错误的。要加强自身业务素质的提高，根据小龙虾生物学特性（需求），加强科学管理，要根据水稻和小龙虾不同生长阶段对水分、光照、营养的需求特点，做好针对性的工作。另外，在稻田养小龙虾时，要营造小龙虾养殖环境，避免小龙虾病害的暴发。当然小龙虾的投饲也有学问，投饲多了，虾吃不完影响水质；投饲少了，轻则影响小龙虾的生长，重则引起弱肉强食，互相残杀，造成较大损失。

5.上市过于集中，养殖效益下降　由于小龙虾养殖的季节性较强，加上人们食用的习惯，每年5～10月是全国各地小龙虾集中上市的时间，大量的鲜活成虾集中在市场，导致价格下跌，效益较低。我们要充分发挥稻田养殖小龙虾的优势，充分利用稻田养虾的时间差，尽可能地早上市，一定要在6月15日将小龙虾起捕上市，一方面是早期的价格较高，另一方面是为了错开后期池塘、湖泊等水体里的小龙虾大量上市而造成的价格冲击，还有一个原因就是不能影响水稻的栽插和生长发育。

6.小龙虾的品牌和特色问题应该得到重视　不可否认，江苏盱眙的小龙虾品牌是目前全国最响的，但是根据市场调研、全国水产统计报表的总量及盱眙每年营销小龙虾的数量，可以看出江苏的产量是远远满足不了当地的需求的，而另外两个大省湖北和安徽的部分小龙虾供应了江苏。因此在发展稻虾连作共作时，我们一定要注重品牌建设，打造种养模式的生态小龙虾品牌，以特色、品牌扩大影响，做大做强小龙虾产业。

（八）养殖中的误区

技术人员的指导反馈，以及生产实践的经验表明，在小龙虾的稻田养殖过程中存在不少误区，包括以下几点。

1.水质管理的误区

（1）没有培好肥就直接下苗：第一次放苗养殖时，为了赶时间或者是其他的技术原因，田间沟的水质还没有培肥好，就急忙投放小龙虾苗。由于池塘水体偏瘦，可供幼虾摄食的生物饵料缺乏，影响幼虾的生长和成活率。

（2）换水不讲究科学性：一些虾农在换水时并不讲究科学换水，常常是一次性大量换水，特别是在换水方便的地方，一些虾农认为只要大量换水，就可以保证水质良好了，结果引起稻田里的水温波动太大，造成小龙虾产生应激性反应，从而影响小龙虾的摄食和生长。

2.苗种投放上的误区　有一些养殖户为了方便，或者是信息不到位，或者是贪图便宜，购买的苗种往往是经过几道贩子手上过来的，这种苗种的质量非常差，有的是用药物诱捕的，放到稻田里，很快就会死亡，养殖的结果可想而知。

3.混养上的误区　有许多虾农在养殖小龙虾的稻田里混养了一些鲢鱼、鳙鱼，还混养鲫鱼。混养鲢鱼、鳙鱼对降低水体的肥度能起到很好的作用，而混养鲫鱼虽然能够摄食腐屑碎片和浮游生物，但大部分配合饲料被鲫鱼吞食，导致虾料的浪费和饵料系料的提高，会造成小龙虾养殖效益上的降低。

4.捕捞不及时的误区　现在各地在稻田里养殖小龙虾的养殖户大多能采取“捕大留小，天天捕捞，天天上市”的放养模式，但是还有许多虾农因种种原因，对已经能上市的大虾不及时捕捞上市，这些大虾往往有更强的活力，它们有独占地盘、弱肉强食的习性，对小虾会产生一定的欺负，从而造成小虾长不大或死亡。因此适宜上市的虾应早上市，大的小龙虾经捕捞后田里的密度就会稀疏，可以加速余下部分小虾的生长。

二、科学选地

利用稻田养殖小龙虾，在选择地址时，稻田既不能受到污染，同时又不能污染环境，还要方便生产经营、交通便利且具备良好的疾病防治条件。养殖场在场址的选择上要重点考虑以下几个要点，包括稻田位置、面积、地势、土质、水源、水深、防疫、交通、电源、周围环境、排污与环保等诸多方面，需周密计划，事先勘察，才能选好场址。

（一）规划要求

小龙虾养殖的稻田区域必须符合当地的规划发展要求，尤其是在两区划定的时候，一定不能与两区划定的区域相冲突。规模和形式要符合当地社会、经济、环境等发展的需要，田间工程要符合要求，而且要求生态环境良好。

（二）自然条件

小龙虾的饲养环境首先要保证它能健康生长，同时又不能影响周围的环境。因此在选择场地时必须注意周围的环境条件，一般应考虑距居民点1 500米以上，附近无大型污染的化工厂、重工业厂矿或排放有毒气体的染化厂，尤其上风向更不能有这些工厂。

在规划设计养殖场时，要充分勘查了解规划建设区的地形、水利等条件，有条件的地区可以充分考虑利用地势自流进排水，以节约动力提水所增加的电力成本。规划建设养殖场时还应考虑洪涝、台风等灾害因素的影响，在设计养殖场进排水渠道、房屋等建筑物时应注意考虑排涝、防风等问题。另外，稻田周围最好不要有高大的树木和其他的建筑物，以免遮光、挡风和妨碍操作。

（三）水源、水质条件

图 2-8 稻田养小龙虾要有充足的水源

水源是小龙虾养殖选择地址的先决条件（图2-8）。在选水源的时候，首先供水量一定要充足，不能缺水，包括人、虾、稻用水；其次是水源不能有污染，水质要符合国家渔业水质标准。在选择养殖场地时，一定要先观察养殖场周边的环境，不要建在化工厂附近，也不要建在有工业污水注入区的附近。

水源分为地面水源和地下水源，无论采用哪种水源，一般应选择在水量丰足、水质良好的地区建场。采用河水或水库水等地表水作为养殖水源，要考虑设置防止野生鱼类进入的设施，以及周边水环境污染可能带来的影响。还要考虑水的质量，一般要经严格消毒以后才能使用。如果没有自来水水源，则应考虑打深井取水，因为在8～10米的深处，细菌和有机物相对减少。要考虑供水量是否满足养殖需求，一般要求在10天左右能够把稻田注满。选择养殖水源时，还应考虑工程施工等方面的问题，利用河流作为水源时需要考虑是否筑坝拦水，利用山溪水流时要考虑是否建造沉沙排淤等设施。水产养殖场的取水口应建到上游部位，排水口建在下游部位，防止养殖场排放水流入进水口。

水质对于养殖生产影响很大，养殖用水的水质必须符合《渔业水质标准（GB 11607—1989）》规定。对于部分指标或阶段性指标不符合规定的养殖水源，应考虑建设水源处理设施，并计算相应设施设备的建设和运行成本。

总的来说，要选择水源充足、水质良好、周围没有污染源的田块养殖小龙虾，要求田埂比较厚实，一般比稻田平面高出0.5～1米，埂面宽2米左右，并敲打结实，堵塞漏洞，以防止逃虾和提高蓄水能力。

田面平整，稻田周围没有高大树木，桥涵闸站配套，通水、通电、通路。雨季水多不漫田，旱季水少不干涸，排灌方便，无有毒污水和低温冷浸水流入，水质良好，农田水利工程设施要配套，有一定的灌排条件。

（四）土壤、土质

土壤与水直接接触，对水质的影响很大。在选择、规划建设养殖场时，要充分调查了解当地的地质、土壤、土质状况，不同的土壤和土质对养殖场的建设成本和养殖效果影响很大，要求一是土壤以往未被传染病或寄生虫病原体污染过，二是具有较好的保水、保肥、保温能力，还要有利于浮游生物的培育和增殖。

根据生产的经验，土质以壤土最好，黏土次之，沙土最劣。沙质土或含腐殖质较多的土壤，保水力差，做田埂时容易渗漏、崩塌，不宜使用。含铁质过多的赤褐色土壤，浸水后会不断释放出赤色浸出物，这是土壤释放出的铁和铝，而铁和铝会与磷酸和其他藻类必需的营养盐结合起来，使藻类无法利用，也使施肥无效，水肥起不来，对小龙虾生长不利。如果表土性状良好，而底土呈酸性，在挖土时，则尽量不要触动底土。底质的pH值也是需要考虑的一个重要因素，土壤pH值低于5或高于9.5的地区不适宜挖塘。

黏性土壤的保肥力强，保水力也强，渗漏力小，因此这种稻田是可以用来养虾的。

（五）交通运输条件

交通便利主要是考虑运输的方便，如饲料的运输、场舍设备材料的运输、小龙虾种苗及成虾的运输，还有水稻栽插和稻谷收割时的机械来往等（图2-9）。养殖场的位置如果太偏僻，交通不便，不仅不利于本场的运输，

图2-9　稻田养小龙虾的交通要便利

还会影响客户的来往。公路的质量要求陆基坚固、路面平坦，便于产品运输。养殖场的位置最好是靠近饲料的来源地区，尤其是天然动物性饲料来源地，一定要优先考虑。

（六）排污与环保

现在的环保力度非常大，已经要求所有的养殖尾水必须经过处理后，方可外排，利用稻田养殖小龙虾也是一样的要求。虽然水稻可以吸收小龙虾的粪便以及腐烂的饲料等污染源，但是在稻谷收割后的一段时间内，不但缺少了秧苗的吸收，而且稻桩腐烂还会产生一些尾水。对于上规模的养殖场，会有许多养殖用水排出，造成相当大的排污量，如果污水不能及时排放，对养殖场将是个灾难。因此建议污水的处理结合农田灌溉和综合利用，并要做好生物循环利用，以免形成公害。如果在养殖场周围有农田、果园，并便于自流，就地消耗大部或全部养殖用水是最理想的，否则需对排污处理和环境保护做重要问题规划，特别是不能污染地下水和地上水源、河流。养殖场的污水、污物处理应符合国家环保要求，环境卫生质量达到国家规定的要求，养殖场排放的废弃物依减量化、无害化、资源化原则处理。目前农业部水产总站建议对于一定规模的稻田养殖小龙虾，可以单独在下游开辟出几亩甚至十几亩的田块，栽上挺水植物和沉水植物等水草，再投放适量的鲢鱼、鳙鱼，所有的养殖尾水经过这块稻田净化后再外排或循环利用。

（七）供电条件

小龙虾养殖场地应距电源近，可节省输变电开支，保证供电稳定。可靠的电力不仅用于照明、饲料的加工，尤其是靠电力来为增氧机服务的养殖场，电力的保障是极为重要的条件。如果不具备以上基础条件，应考虑这些基础条件的建设成本，避免因基础条件不足影响到养殖场的生产发展。养殖场应配备必要的备用发电设备和交通运输工具，尤其在电力基础条件不好的地区，养殖场需要配备满足应急需要的发电设备，以应付电力短缺时的生产生活应急需要。

三、田间工程建设

稻田养殖小龙虾的田间工程建设至关重要，主要包括稻田各养殖或种植区域的合理布局，虾沟包括环形沟和田间沟的开挖，田埂加高、加宽与加固，有效的防逃设施等。

（一）稻田的布局

养殖小龙虾的稻田面积少则十几亩，多则几十亩、上百亩，面积大比面积小更好，但要方便看管和投喂。

根据养殖稻田面积的大小进行合理布局，养殖面积略小的稻田，只需在稻田四周开挖环形沟即可，水草要错落有致，以沉水植物为主，兼顾漂浮植物。

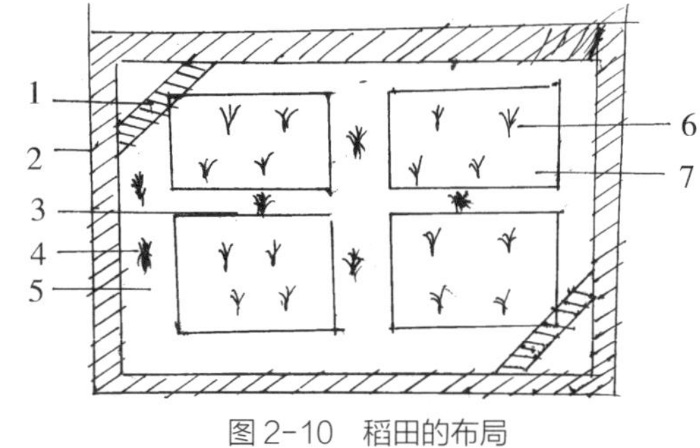

图2-10　稻田的布局

1. 田块对角的漂浮植物　2. 田埂及防逃设施　3. 田间沟　4. 沟内的水草　5. 环形沟　6. 水稻　7. 田块

对于养殖面积较大的田块，要设立不同的功能区，通常在稻田四个角落设立漂浮植物暂养区，环形沟部分种植沉水植物和部分挺水植物，田间沟部分则全部种植沉水植物。

（二）开挖虾沟

这是科学养虾的重要技术措施，稻田因水位较浅，夏季高温对小龙虾的影响较大，因此必须在稻田田埂内侧四周开挖环形沟和虾溜（图2-11、图2-12）。

图 2-11　开挖虾沟

图 2-12　基本完工的田间沟

在保证水稻不减产的前提下，应尽可能地扩大虾沟和虾溜面积，最大限度地满足小龙虾的生长需求。虾沟、虾溜的开挖面积一般不超过稻田的8%，面积较大的稻田，还应开挖“田”字形或“川”字形或“井”字形的田间沟，但面积宜控制在12%左右。环形沟距田埂1.5米左右，上口宽3米，下口宽0.8米；田间沟沟宽1.5米，深0.5～0.8米。虾沟既可防止水田干涸和作为烤稻田、施追肥、喷农药时小龙虾的退避处，也是夏季高温时小龙虾栖息隐蔽遮阴的场所。

虾沟的位置、形状、数量、大小应根据稻田的自然地形和稻田面积的大小来确定。一般来说，面积比较小的稻田，只需在田头四周开挖一条虾沟即可；面积比较大的稻田，可每间隔50米左右在稻田中央多开挖几条虾沟，当然周边沟较宽些，田间沟可以窄些。

根据生产实践，目前使用比较广泛的田间沟有以下几种。

1.沟溜式田间沟（图2-13） 沟溜式的开挖形式多样，先

图 2-13　沟溜式田间沟

在田块四周内外挖一套围沟，宽5米，深1米，距田埂1米左右，以免田埂塌方堵塞围沟，沟上口宽3米，下口宽1.5米。然后在田内开挖多条“田”“十”“日”“弓”“井”或“川”字形水沟，水沟宽60～80厘米，深20～30厘米，在水沟交叉处挖1～2个虾溜，虾溜开挖成方形、圆形均可，面积1～4平方米，深40～50厘米。虾溜形状有长方形、正方形和圆形等，总面积占稻田总面积的5%～10%。

2.宽沟式田间沟（图2-14） 这种稻田工程类似于沟溜式，就是在稻田进水口的一侧田埂的内侧方向，开挖一条深1.2米、宽2.5米的宽沟，这条宽沟的总面积约为稻田总面积的7%。宽沟的内埂要高出水面25厘米左右，每间隔5米开挖一个宽40厘米的缺口与稻田相连通，这样做的目的是保证小龙虾能在宽沟和稻田之间顺利且自由地进出。当然了，在春耕前或插秧期间，可以让小龙虾在宽沟内暂养，待秧苗返青后再让小龙虾进入稻田里活动、觅食。

图2-14　宽沟式田间沟

3.田塘式田间沟（图2-15） 也叫鱼凼式田间沟。田塘式田间沟有两种，一种是将养鱼塘与稻田接壤相通，小龙虾可在塘、田之间自由活动和吃食。另一种就是在稻田内或外部低洼处挖一个鱼塘，鱼塘与

图2-15　田塘式田间沟

稻田相通，如果是在稻田里挖塘时，鱼塘的面积占稻田面积的10%～15%，深度为1米。鱼塘与稻田以沟相通，沟宽、深均为0.5米。

图2-16　垄稻沟鱼式田间沟

4.垄稻沟鱼式田间沟（图2-16）　垄稻沟鱼式是把稻田的周围沟挖宽挖深，田中间也隔一定距离挖宽的深沟，所有的宽的深沟都通虾溜，养的小龙虾可在田中四处活动觅食。在插秧后，可把秧苗移栽到沟边。沟四周栽上占地面积约1/4的水花生作为小龙虾栖息场所。

5.流水沟式田间沟（图2-17）　流水沟式是在田的一侧开挖占总面积3%～5%的虾溜。接连溜顺着田开挖水沟，围绕田一周，在虾溜另一端沟与虾溜接壤，田中间隔一定距离开挖数条水沟，均与围沟相通，形成活的循环水体，对田中的稻和小龙虾的生长都有很大的促进作用。

图2-17　流水沟式田间沟

6.回形沟式田间沟　是把稻田的田间沟或鱼沟开挖成“回”字形，这种方式的优点是在水稻生长期实现了稻虾共生，确保既种稻又养小龙虾；当稻谷成熟收割后，可以灌溉水位，甚至完全淹没稻田的内部，提高了水体的空间，非常有利于小龙虾的养

图2-18　回形沟式田间沟

殖。其他方面和沟溜式是相似的。

在生产实践过程中，我们发现田间沟的开挖是个不断改进的过程，最初是直接沿田埂开挖的田边沟，后来发现这种开挖的方式有它的弊端，就是田埂上的土容易坍塌，塌下来的泥土进入沟中，既填塞了田间沟，同时也可能会覆盖小龙虾打的洞，对来年的小龙虾养殖造成损失（图2-19）。因此我们建议在开挖时一定要留一个平台，这个平台也不要太大，宽度1米左右就可以，可以有效地防止泥土堵塞田间沟（图2-20）。

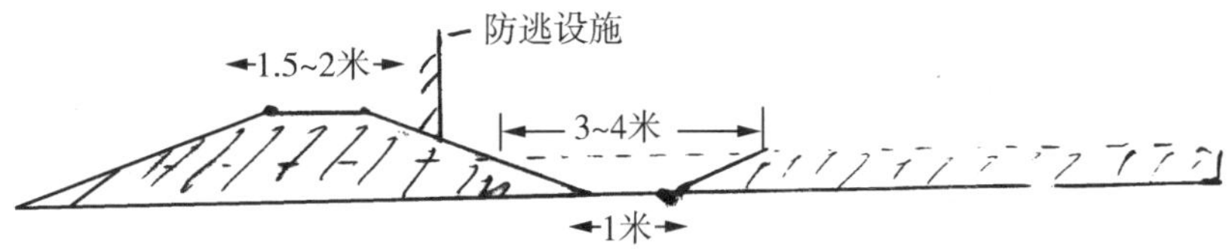

图 2-19　早期的田间沟示意图

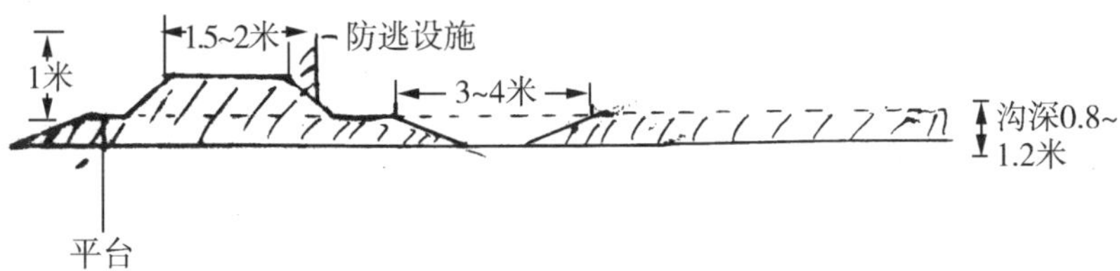

图 2-20　改进后的田间沟示意图

（三）加高加固田埂

为了保证养虾稻田达到一定的水位，防止田埂渗漏，增加小龙虾活动的立体空间，有利于小龙虾的养殖，提高产量，就必须加高、加宽、加固田埂（图2-21），可将开挖环形沟的泥土垒在田埂上并夯实，田埂加固时

图 2-21　加高加宽、加固田埂

每加一层泥土都要进行夯实，确保田埂高达1～1.2米，宽2米，要求做到不裂、不漏、不垮，以防雷阵雨、暴风雨时田埂坍塌，也要防止在满水时崩塌跑虾。如果条件许可，可以在防逃网的内侧种植一些黑麦草、南瓜、黄豆等植物，既可以为周边沟遮阳，又可以利用其根系达到护坡的目的。

（四）修建田中小埂

为了给小龙虾的生长提供更多的空间，经过实践我们认为，在田中央开挖虾沟的同时，要多修建几条田间小埂，这是为了给小龙虾提供更多的挖洞场所。

四、做好防逃设施

从一些地方的经验来看，有许多自发性农户在稻田养殖小龙虾时并没有在田埂上建设专门的防逃设施，但产量并没有降低，所以有人认为在稻田中可以不建设防逃设施，这种观点是有失偏颇的。我们和相关专家经过分析认为，第一个方面是因为在稻田中采取了稻草还田或稻桩较高的技术，为小龙虾提供了非常好的隐蔽场所和丰富的饵料；第二个方面与放养数量有很大的关系，在密度和产量不高的情况下，小龙虾互相之间的竞争压力不大，没有必要逃跑；第三个方面就是大家都没有做防逃设施，小龙虾的逃跑呈放射性，最后是谁逮着就算谁的产量，由于小龙虾跑进跑出的机会是相等的，所以大家没有感觉到产量降低。所以我们认为，如果要进行高密度的养殖，要取得高产量和高效益，很有必要在田埂上建设防逃设施。

（一）小龙虾逃跑的特点

小龙虾的逃逸能力比较强，一般来讲，小龙虾逃跑有三个特点：

1.生活环境改变引起的逃跑 小龙虾对新环境不适应，就会逃跑，通常持续1周的时间。

2.条件恶化引起的逃跑 水质恶化迫使小龙虾寻找适宜的水域环境而逃走。有时天气突然变化，特别是在风雨交加时，小龙虾就会逃逸。

3.饵料匮乏引起的逃跑 在饵料严重匮乏时，小龙虾也会逃跑。

因此我们建议在小龙虾放养前一定要做好防逃设施（图2–22）。

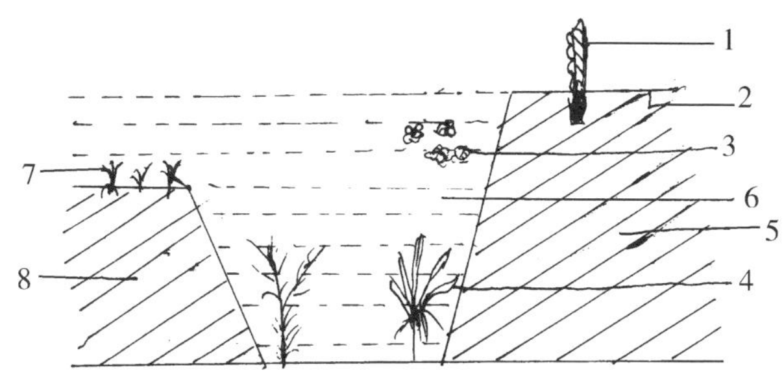

图 2-22 防逃设施示意
1. 防逃设施 2. 田埂 3. 虾沟内的漂浮水草 4. 虾沟内的沉水水草和挺水水草 5. 稻根深度 6. 环形沟 7. 水稻 8. 栽水稻的稻田土

（二）钙塑板防逃

在田埂上安插高55厘米的硬质钙塑板作为防逃板，埋入田埂泥土中约15厘米，每隔75～100厘米处用一木桩固定。注意四角应做成弧形，防止小龙虾沿夹角攀爬外逃（图2-23）。

图 2-23 正在安装防逃板

（三）网片、塑料薄膜防逃

这种防逃设施是采用麻布网片或尼龙网片或有机纱窗和硬质塑料薄膜共同防逃，在易涝的低洼稻田主要以这种方式防逃。方法是选取长度为1.5～1.8米的木桩或毛竹，削掉毛刺，将一端削成锥形或锯成斜口打入泥土中，沿田埂将桩打入土中50～60厘米，桩间距3米左右，并使桩与桩之间呈直线排列，田块拐角处呈圆弧形。然后用高1.2～1.5米的密网靠牢在桩上，围在稻田四周，在网上内面距顶端10厘米处再缝上一条宽25～30厘米的硬质塑料薄膜即可。防逃膜不应有褶，接头处光滑且不留缝隙（图2-24）。

图 2-24　网片、塑料薄膜防逃

（四）进出水口防逃

还有一种防逃不可忽视，就是小龙虾喜欢戏水，要防止它们从进出水口处逃逸，因此在修筑进出水口时，也有一定的讲究。进水渠道建在田埂上，排水口建在虾沟的最低处，按照高灌低排的格局，保证灌得进、排得出，定期对进、排水总渠进行整修。稻田开设的进排水口应用铁丝网或双层密网防逃，也可用栅栏围住，既可防止小龙虾在进水或者下大雨的时候顶水外逃，同时也能有效地防止蛙卵、野杂鱼卵及幼体进入稻田危害蜕壳虾；同时为了防止夏天雨季冲毁堤埂，稻田应开施一个溢水口，溢水口也用双层密网过滤，防止小龙虾乘机逃走（图2-25）。

图 2-25　进水口需要做好防逃措施

为了检验防逃的可靠性，我们还建议在规模化养殖的连片养虾田的外侧修建一条田头沟或者防逃沟，可以在沟内长年用地笼捕捞小龙虾，因此它既是进水渠，又是检验防逃效果的一道屏障。

技巧三 苗种供应与亲虾繁殖是成功养虾的前提

一、生殖习性

经过多年的生产实践，我们认为，现在的苗种人工繁殖技术仍然处于完善和发展之中，如果养殖的稻田面积不大或者能满足亲虾的需求，建议各养殖户可采用放养抱卵亲虾，实行自繁、自育、自养的方法来达到苗种的供应目的。如果养殖的稻田面积较大，形成一定的规模，需要大批的苗种时，就要进行小龙虾的人工繁殖，以确保苗种能够形成批量供应。

（一）性成熟

性成熟是指小龙虾经过一段时间的生长发育后，雌性生殖器官和雄性生殖器官都已经发育完全，生殖功能和性腺发育达到了比较成熟的阶段，具备了正常的繁殖功能，这时可以用来繁衍后代，这样的小龙虾就是性成熟的虾了。研究表明，小龙虾是隔年性成熟的，也就是说当年雌雄小龙虾两情相悦后，经过交配、受精、抱卵直至孵化后，离开母体的幼虾到第二年的6～8月才能达到性成熟，参加下一轮的产卵孵化行为。

（二）自然性比

在自然界中，小龙虾的雌雄比例是不同的，根据舒新亚等人的研究表明，在全长3.0～8.0厘米的小龙虾中，雌性多于雄性，其中雌性占总体的51.5%，雄性占48.5%，雌雄比例为1.06：1。在全长8.1～13.5厘米的小龙虾中，也是雌性多于雄性，其中雌性占总体的55.9%，雄性占44.1%，雌雄比为1.17：1。在其他的个体大小中，则是雄性占大多数。大规格组雌性明显多于雄性的原因是交配之后雄性易死亡，雄性个体越大，死亡率越高。

了解小龙虾在自然界中的雌雄性比，是有一定实际意义的。一是在小龙虾销售时，可以快速判断雌雄个体的数量和规格，以取得最大的经济效益。二是在选择亲虾时，对选择雌雄虾的大小和雌雄配比具有非常重要的作用，可以在一定的规格范围内基本确定亲虾群体的繁殖能力。

（三）交配季节

小龙虾的交配季节一般在4月下旬到7月，1尾雄虾可先后与1尾以上的雌虾交配，在水温15℃以上时个体就可以交配了。就每尾个体而言，在水温适宜的交配季节里均有交配的欲望，但是对群体而言，小龙虾的主要交配高峰期是在5月。

（四）交配行为与排精

交配前雌虾先进行生殖蜕皮，约2分钟即可完成蜕皮过程。交配时雌虾仰卧水面，雄虾用它又长又大的螯足钳住雌虾的螯足，用步足紧紧抱住雌虾，然后将雌虾翻转、侧卧。到适当时候，雄虾的钙质交接器与雌虾的储精囊连接，雄虾的精荚顺着交接器进入雌虾的储精囊，交配开始，雄虾射出精子，精子储藏在储精囊中，完成交配。经过观察，小龙虾的交配时间一般可持续20分钟左右，快的仅5分钟，慢的则可持续3小时左右。在雄虾排完精子后，就完成了它的使命，不再为后代提供其他的服务，如护精、护卵服务等，而这些精子在9～10月雌虾产卵以前就一直保存在雌虾的储精囊中。

（五）产卵受精

雌亲虾交配完成后就陆续开始掘洞，这是它的一个主要生活习性，更重要的是亲虾在自然界中的冬季都是在深深的洞穴中度过的，而且雌虾产卵及受精卵孵化的过程基本上是在地下的洞穴中完成。

产卵时，雌虾从生殖孔里排出卵子，卵子往外排放时会经过储精囊，这时预先储藏在储精囊内的精子就会被及时释放出来，使卵受精，这时称为受精卵。刚受精的受精卵呈圆形，以后随着胚胎的发育而不断变化。值得注意的是，此时的受精卵并未停留在雌虾的体内，而是继续向外释放，一直到达雌虾的腹部，最后就借助从卵巢里带出的胶原蛋白将受精卵紧紧黏附在雌虾的腹足上，在腹部侧甲延伸形成抱卵腔，用于保护受精卵，就像一位母亲用手臂紧紧抱住小孩一样，所以被形象地称为“抱卵”。

在雌虾抱卵时，为了保证受精卵孵化时的氧气需求，必须依靠水流带来的氧气供应，这时雌虾的腹足就一直不停地摆动，以激动水流，促进氧气的供给，保证受精孵化所必需的溶解氧。

根据研究表明，每尾小龙虾个体一年可产卵3～4次，每次产卵100～500粒。小龙虾雌虾的产卵量随个体长度的增长而增大，我们对154尾雌虾的解剖结果为体长7～9厘米的雌虾，产卵量为100～180粒，平均抱卵量为134粒；体长9～11厘米的雌虾，产卵量为200～350粒，平均抱卵量为278粒；体长12～15厘米的雌虾，产卵量为375～530粒，平均抱卵量为412粒。

我们2007年曾经对抱卵虾的性腺发育情况做了解剖，根据解剖结果发现，这个时间段正是小龙虾受精卵快速发育的好时机，见表3–1，因此我们建议虾农购买抱卵亲虾时，不要晚于9月底。

表3–1　小龙虾性腺发育解剖情况

卵的颜色	数量	占总数的百分比（%）
酱紫色	72	39.56
土黄色	54	29.66
深土黄色	23	12.64
吸收中	18	9.89
刚发育	9	4.95
无	6	3.30

在亲虾的繁殖过程中，了解性腺发育的颜色在生产实践中具有重要意义，为了及时了解小龙虾的性腺发育情况，需要经常检查小龙虾的亲虾发育，这时候我们只要通过卵的颜色就可以快速判断雌虾的性腺发育情况，为后面的产卵孵化做好准备。

（六）孵化

在自然情况下，幼虾从第一年秋季孵出后，幼体的生长、发育和越冬过程都是附生在母体腹部，到第二年春季才离开母体生活，这也是保证繁殖成活率的有效举措，成活率可达80%左右。

受精卵孵化时间长短，与水温、溶氧量、透明度等水质因素密切相关，日本学者对小龙虾受精卵的孵化进行了研究，结果表明：在7℃的水温条件下，受精卵孵化约需150天；10℃时约需87天；15℃时约需46天；22℃时约需19天；25℃时约需15天。如果水温太低，受精卵的孵化可能需数月之久，这就是我们在第二年的3～5月仍可见到抱卵虾的原因。刚孵出的幼体叫一期幼体，依靠卵黄营养，几天后蜕皮育成二期幼体。二期幼体可以利用浮游生物作为食物来源，也可以做短距离的游泳，但此时仍然需要亲虾的保护，在遇到危险或惊扰时，幼虾能迅速回到母体的腹部，不能迅速回归的幼虾，有可能死亡。再过5天左右，经一次蜕皮后就成为三期幼体，这时的幼体在形态上已经与成体相似了，而且具有自主摄食能力。

二、小龙虾的雌雄鉴别

在自然条件下，小龙虾性成熟较早，当个体达到20～30克即可达到性成熟。

性成熟后的小龙虾是雌雄异体的，雌雄两性在外形上都有自己的特征，差异十分明显，容易鉴别。

（一）个体大小

达到性成熟的同龄虾中，雄性个体都要比雌性个体粗大雄壮。

（二）腹部比较

两者相比较而言，性成熟的雌虾腹部膨大（图3–1），雄虾腹部相对狭小（图3–2），这是与雌虾以后抱卵的习性相适应的。

图 3–1　雌虾腹部膨大

图 3–2　雄虾腹部狭小

（三）螯足特征

雄虾螯足膨大，腕节和掌节上的棘突长而明显，且螯足的前端外侧有一明亮的红色软疣。雌虾螯足较小（图3–3），雄虾螯足大（图

3–4）。雌虾大部分没有红色软疣，少部分有软疣，但是面积要小得多且颜色较淡。

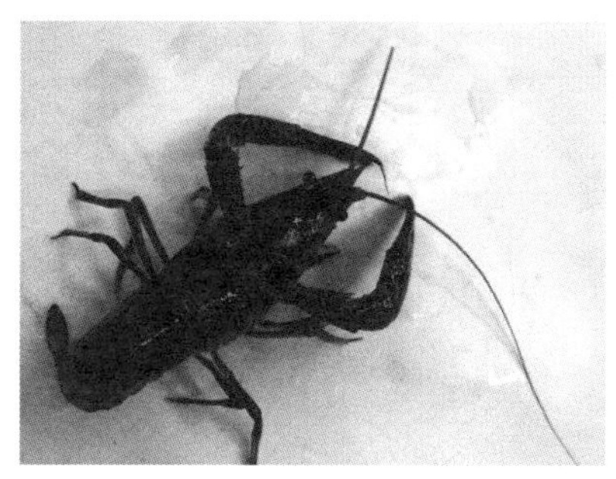

图 3-3 雌虾螯足小

图 3-4 雄虾螯足大

（四）生殖腺区别

雌虾的生殖孔开口于第3对胸足基部，可见明显的一对暗色圆孔，腹部侧甲延伸形成抱卵腔，用以附着卵。雄虾的生殖孔开口在第5对胸足的基部，有1对交接器，输精管只有左侧1根，呈白色线状。

（五）交接器

雌虾第1腹足退化，第2腹足进化成羽状，目的是便于激动水流，为抱卵、孵化做准备（图3–5）。雄虾第1、第2腹足演变成白色、钙质的管状交接器（图3–6）。

图 3-5　雌虾无交接棒

图 3-6　雄虾有 2 根交接棒

三、亲虾选择

（一）选择时间

选择小龙虾亲虾的时间一般在8～10月或翌年3～4月，可直接从养殖小龙虾的池塘或天然水域捕捞，亲虾离水的时间应尽可能短，一般要求离水时间不要超过2小时，在室内或潮湿的环境，时间可适当长一些（图3–7）。

值得注意的一点就是在挑选亲虾时，最好不要挑选那些已经附卵甚至可见到部分小虾苗的亲虾，因为这些小虾苗会随着挤压或运输颠颤而被压死或脱落母体死亡，也有部分未死的亲虾或虾苗，在到达目的地后也要打洞消耗体力而无法顺利完成生长发育（图3–8）。

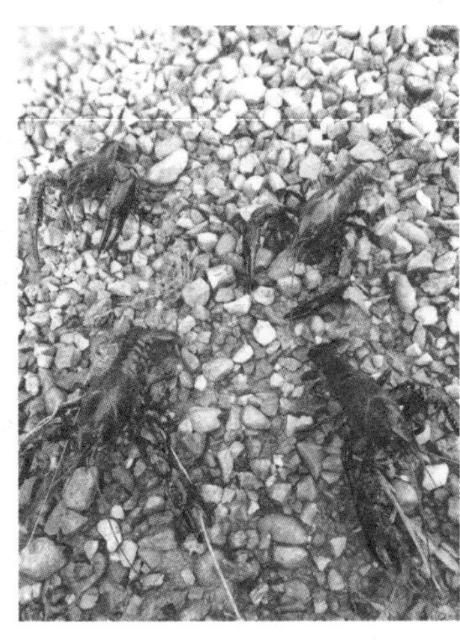

图 3–7　离水时间不久的亲虾

图 3–8　这种抱卵的亲虾不宜选择

（二）雌雄比例

雌雄比例应根据繁殖方法的不同而有一定的差异，如果是用人工繁殖模式则雌雄比例以2：1为宜；用半人工繁殖模式则以5：2或3：1为好；在自然水域中以增殖模式进行繁殖的雌雄比例通常为3：1。

（三）选择标准

一是雌雄性比要适当，达到繁殖要求的性配比。雄雌比例以1：（2～3）为宜。

二是个体要大，达到性成熟的小龙虾个体要比一般生长阶段的个体大，雌雄性个体重都在30～40克为宜。

三是颜色，要求暗红色或黑红色，有光泽，体表光滑而且没有纤毛虫等附着物。那些颜色呈青色的虾，看起来很大，但它们仍属壮年虾，一般还可蜕壳1～2次后才能达到性成熟，商品价值也很高，宜作为商品虾出售。

四是对健康要严格要求，亲虾要求附肢齐全，缺少附肢的虾尽量不要选择，尤其是螯足残缺的亲虾要坚决摒弃，还要求亲虾身体健康无病，体格健壮，活动能力强，反应灵敏，当人用手抓它时，它会竖起身子，舞动双螯保护自己，取一只放在地上，它会迅速爬走（图3-9）。

图3-9　健康小龙虾

五是其他情况要了解，主要是了解小龙虾的来源、捕捞方式、离开水体的时间、运输方式等。如果是药捕（如敌杀死、菊酯类药物药捕）或电捕的小龙虾，坚决不能用作亲虾，那些离水时间过长（高温季节离水时间不要超过2.5小时，一般情况下不要超过5小时）、运输方式粗糙（过分挤压导致虾体受伤，过度风吹导致虾的鳃部呼吸功能受损）的市场虾不能作为亲虾。这是因为一些市场上的小龙虾，往往是经过虾贩多环节或长时间的贩卖和运输，加上为了保持小龙虾鲜活状态，虾贩常常添加一些药物，这样从外观上看，小龙虾是鲜活的、活力旺盛的，但是大多数的个体内部损伤非常严重，下水后极易死亡，即使一些暂时不死亡的亲虾，它的生殖器官也受到了严重伤害，不利于后面的繁殖行为。

六是亲虾的规格选择。有人认为，亲虾个体越大，繁殖能力越强，繁殖出的小虾的质量也会越好，所以很多人选择大个体的虾作种虾，但有专家在生产中发现，实际结果刚好相反。

我们和专家进行了详细分析，认为小龙虾的寿命非常短，我们看见的大个体的虾往往已经接近生命的尽头，投放后不久就会死亡，不仅不能繁殖，反而会造成成虾数量的减少，产量也就很低。所以，建议亲虾的规格最好是24～36尾/千克的成虾，且一定要求附肢齐全、颜色呈红色或褐色。

四、亲虾的运输

（一）挑选健壮、未受伤的小龙虾

在运输小龙虾之前，从渔船上或养殖场开始就要对运输用的活虾进行小心处理。也就是说，要从虾笼上小心地取下所捕到的小龙虾，把体弱、受伤的与体壮的、未受伤的分开，然后把体壮的、未受伤的小龙虾放入有新鲜的流动水的容器或存养池中。如果是远距离购买并运输，最好在清水中暂养24小时，再次选出体壮的小龙虾。

（二）要保持一定的湿度和温度

在运输小龙虾时，环境湿度的控制很重要，相对湿度为70%～95%时，可以防止小龙虾脱水，降低运输中的死亡率。运输时可以把水花生、菹草等水草装在容器内（图3-10），在面上洒上水，运输的时间不要超过5小时，如果是超过5小时的长途运输，最好在中途暂养一下。

图3-10　亲虾运输时铺上水草效果好

（三）运输容器的选择

存放小龙虾的容器必须绝热，不漏水，轻便，易于搬运，能经受住一定的压力。目前使用比较多的是泡沫箱（图3-11）。每箱装虾15千克左右，在里面装上2千克的冰块，再用封口胶将箱口密封即可进行长途运输。

图 3-11　用泡沫箱运输小龙虾

带水运输也是常见的运输方法，但是仅适用于近距离、数量少的情况。当然用专用的虾篓、蟹苗箱或改造后的啤酒箱装运小龙虾也是比较常见的，也非常有效，但要注意单箱的数量不要太多，不能过度挤压，而且在运输过程中要注意及时洒水保湿。

图 3-12　用竹篓装小龙虾

还有一种更简便的运输方法就是用蒲包、网袋、虾袋、竹篓、木桶等装运（图3-12）。在箩筐内衬以用水浸泡过的蒲包，再把小龙虾放入蒲包内，蒲包扎紧，以减少亲虾体力的消耗，运输途中防止风吹、暴晒和雨淋。

（四）试水后放养

从外地购进的亲虾，因离水时间较长，放养前应将虾种在稻田的虾沟内浸泡1分钟，提起搁置2～3分钟，再浸泡1分钟，如此反复2～3次，让亲虾体表和鳃腔吸足水后再放养，以提高成活率（图3–13）。

图 3-13　小龙虾放养前需要试水

五、亲虾的培育与繁殖

小龙虾的繁殖方式主要是自然繁殖，现在许多科技资料介绍可用全人工方式进行繁殖，但经过我们的试验和调查，认为这种人工繁殖技术目前并不完全成熟，我们建议广大养殖户还是用自繁自育、自然增殖的方法比较好。但是在大规模养殖小龙虾时，为了确保苗种的供应和生产环节的持续进行，亲虾的培育和人工繁殖是必需的也是非常重要的一环。在稻田规模化养殖时，我们一般是在连片稻田的一角（通常是看守房附近）开辟专门的小块稻田用于亲虾的专门培育和抱卵虾的孵化。

（一）培育稻田的选择

为了保证亲虾的性腺发育良好，促进繁殖行为能顺利进行，需要对它们进行集中培育，这时可选择一些低洼稻田，每块培育地的面积以1.5～2亩为宜，要求能保持水深1.2米左右，田埂宽1.5米以上，硬的沙质底，田底略平整更好，田埂的坡度1：3或以上，有充足良好的水源，排灌方便，建好注水口和排水口，注水口、排水口均加栅栏和过滤网或安装纱布过滤，防止敌害生物入田，同时防止青蛙入田产卵，避免蝌蚪残食虾苗。四周田埂用塑料薄膜或钙塑板搭建以防亲虾攀附逃逸，田中间要尽可能多一些小的田间埂，种植占总虾沟水面的1/4～1/3的水葫芦、水浮莲、水花生、眼子菜、轮叶黑藻、菹草等水草。水底最好有隐蔽性的洞穴，田内底部设置较多数量的人工巢穴，密布整个田底，例如，可放置扎好的草堆、树枝、竹筒、杨树根、棕榈皮、轮胎、瓦脊、切成小段的塑料管或用编织袋扎成束等作为亲虾的隐蔽物和虾苗蜕壳附着物，并用增气机向池中间隙增氧。

（二）水质要求

对培育亲虾的稻田水质也有一定的要求，总的要求是：溶氧量在5×10^{-4}毫克/升以上，pH值在6.5～8.0，水的硬度在50×10^{-4}毫克/升以上为好，软水不利于小龙虾的生长和繁殖。平时加强水质管理是非常重要的，一要定期加注新水，及时提供新鲜的水源；二要提供外源性微生物和矿物质，对改善水质大有裨益；三要坚持每半月换新水1次，每次换水1/4，每10天用生石灰15克／$米^2$兑水泼洒1次，以保持良好水质，促进亲虾性腺发育；四要晚上开增氧机增氧，有条件的最好采取微流水的方式，一边从上部加进新鲜水， 一边从底部排出老水，但一定要注意水的交换速度不能太快。

（三）亲虾放养

亲虾的放养工作适宜在每年的8～9月进行，此时小龙虾还未进入洞穴，容易捕捞放养，选择体质健壮，肉质肥满结实、规格一致的虾种和抱卵的亲虾放养（图3-14）。放养前一周，用75千克/亩生石灰干塘消毒。消毒后经过滤（防野杂鱼入池）注水深1米左右，施入腐熟畜禽粪750千克/亩培肥水质。如果是直接在稻田中抱卵孵化并培育幼虾，然后直接养成大虾的话，亩放亲虾25千克，雌雄比例为（2～3）：1，放养前用5%食盐水浸浴5分钟，以杀灭病原体（图3-15）。如果是在稻田中进行大批量培育苗种时，则亩放亲虾100千克，雌雄比例为2：1。10月上旬开始降低水位，露出堤埂和高坡，确保它们离水面约30厘米，虾沟内的水深也要保持在40～60厘米，让亲

图 3-14　选择好的亲本小龙虾

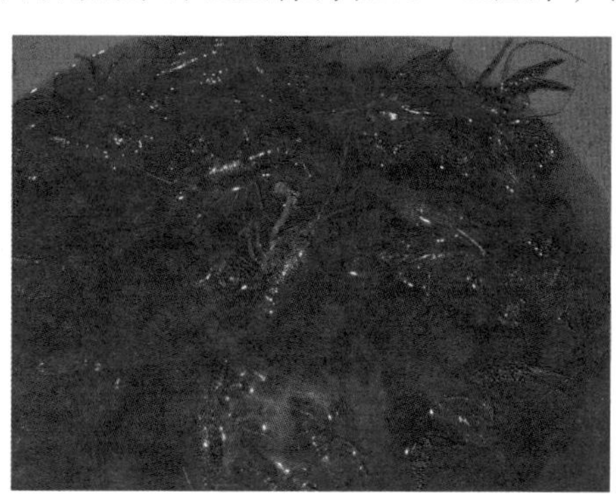

图 3-15　放养前需要消毒处理

虾掘穴繁殖。待虾洞基本上掘好后，再将水位提升至80厘米左右。

（四）性腺发育的检查

为了随时掌握亲虾的抱卵情况及发育情况，为来年的生产打下坚实的基础，对小龙虾的性腺发育要做随机检查（图3-16）。由于小龙虾的抱卵孵化基本上是在洞穴中进行的，因此可以通过人工挖开洞穴，提取样本，进行检查（图3-17）。

图 3-16 查看亲虾的性腺

图 3-17 挖洞取亲虾

（五）培育管理

为了保证幼虾在蜕皮时不受惊扰，也是为了防止软壳虾被侵犯，在人工繁殖期间最好不要放其他的鱼。投喂管理比较简单，可投喂切碎的螺蛳肉、水丝蚓、蚯蚓、碎鱼肉、小鱼、小虾、畜禽屠宰下脚料、新鲜水草、豆饼、麦麸或配合饲料如对虾料等（图3-18）。由于亲虾的繁殖量是难以控制的，因此日投喂量主要是随着水温而有一定的变化，每天早、晚各投喂1次，以傍晚为主，投喂量基本上为池中虾体总重量的3%～4%，分两次投喂，上午6：00～7：00投喂30%，傍晚18：00～19：00投喂70%。具体的投饵量可采取试差法，即第二天看前一天投喂的饵料是

图 3-18 亲虾培育时可投喂螺蛳

否余下，如果余下则要少投，如果没余下就要多投，捕捞后要少投。同时，必须加投一定量的植物性饲料，如水葫芦、水花生、眼子菜、轮叶黑藻、菹草、白菜等，扎成小捆沉于水底，没有吃完的在第2天捞出。此外，还要添加一些含钙的物质，以利于小龙虾蜕壳。

图 3-19　定期检查亲虾的发育情况

定期检查亲虾是培育管理中另一个要点（图3-19）。天然孵出的虾苗成活率低，在缺少食物时，亲虾1天还可以吃掉20多只幼虾。此外，由于雌体产卵时间前后不一， 必须定期检查暂养稻田内的亲体，挑出抱卵虾，未抱卵的放在原稻田中继续饲养。从实际操作结果看，以15天为1个周期较合适。图3-20为发育良好的小龙虾，图3-21为快要孵化的卵粒。

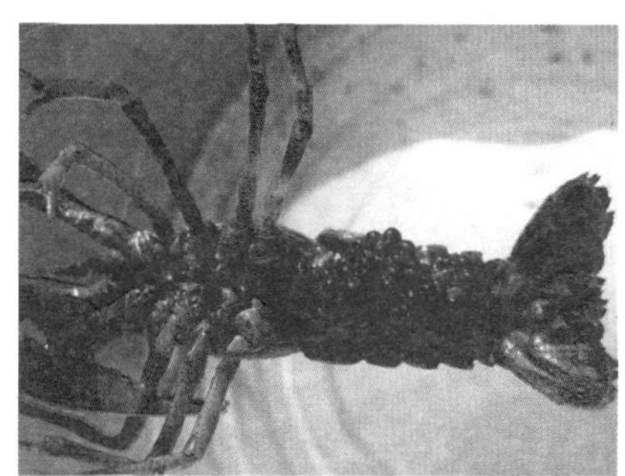

图 3-20　小龙虾的发育良好

图 3-21　快要孵化的卵粒

（六）孵化与护幼

进入春季后，要坚持每天巡池，查看抱卵亲虾的发育与孵化情况，一旦发现有大量幼虾孵化出来后，可用地笼捕捉走已繁殖过的大虾，操作要特别小心，避免对抱卵的亲虾和刚孵出的仔虾造成影响。如果用另外专门的稻田孵化时，可把抱卵的亲体依卵的颜色深浅分别投放在不同的孵化稻田中，放养密度为5只/米^2。投料的量与方法和前文的基本相同。同时要加强管理，适当降低水位10～20厘米，以提高水温，同时做好幼虾投喂工作和捕捞大虾的工作。在捕捞时要注意，小龙虾具有强烈的护幼行为，一旦它认为不安全时，就会迅速让幼虾躲藏在它的腹部附肢下，因此待幼虾长到一定大小时，最好先取走亲虾，然后再捕捉幼虾（图3-22）。

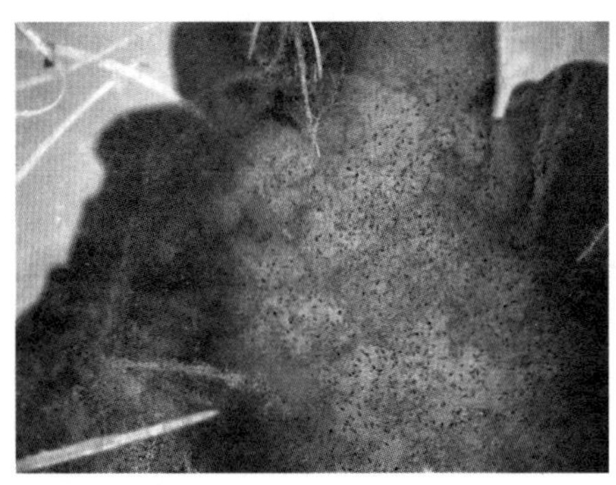

图 3-22　孵化出来的幼虾

（七）判断小龙虾是否繁殖及多久可以产卵的技巧

在生产实践中，我们发现有许多养殖户对小龙虾是否已经繁殖过并不了解，导致他们在选购亲本虾时会出现一些误区。例如他们在10月下旬购买一些亲本虾，这极有可能导致他们第二年养殖时无小龙虾苗供应，造成养殖严重亏损。造成这种情况发生的主要原因就是许多养殖户认为小龙虾非常好养，对它的基本习性并不了解，尤其是对小龙虾的繁殖习性没有完全掌握，比如：小龙虾的头胸甲内为什么会出现卵粒，什么时候会出现卵粒，小龙虾的卵粒经受精后大概多久才能顺利产出体外，一只个头不小的雌小龙虾究竟产没产过卵，小龙虾腹部的抱卵虾要多久才能孵化出小苗等。这里通过以下几点经验教大家快速且准确地判断小龙虾是否产过卵。

1.小龙虾的繁殖特点　小龙虾一年繁殖一次，每年3月，3厘米左右的小龙虾虾苗经2～3个月快速生长即可达到性成熟，成熟的小龙虾开始交配，交配高峰期在5～10月。一只雌虾会和多只雄虾交配，交配成功后都会留下雄虾的精荚在雌虾腹部储精囊中。雌虾卵粒发育成熟后，一次性将成熟的卵粒经两个生殖孔排出体外并黏附在腹部等待孵化，孵化时间的长短因季节而变，一般30~40天，也有少部分长达2个月的。小龙虾产卵粒数跟雌虾的个体规格有关，一般认为小龙虾雌虾体重的克数乘以10便是产卵数。

2.外表观察判断 可以通过“两看一捏”的方法来判断，产过卵的小龙虾见图3-23。

图3-23 已经产过卵的雌虾

一是看雌虾腹部的干净程度，如果雌虾腹部干净，没有泥沙，没有杂质附着，应该是产过卵的雌虾，反之没有产过卵。这是因为卵粒的附着和稚虾的活动会使雌虾腹部比较干净。

二是看雌虾腹部的腹足情况，如果腹足比较杂乱，排列方向不一致、不整齐，腹足上的丝状体非常松散，这种情况应该就是已经产过卵的雌虾，反之没有产过卵。这是因为卵粒和稚虾黏附在雌虾腹足的丝状体上，长时间的黏附大量卵粒会使丝状体和腹足的排列不规则。

三是捏雌虾的腹部饱满程度，如果雌虾腹部软瘪，应该是产过卵的，反之没有产过卵。因为卵的发育成熟到产卵孵化都需要耗费雌虾大量的能量，导致雌虾的肌肉比较松瘪缩水，但是甲壳不会缩小，因此捏起来会很软瘪，也就是我们通常所说的没有肉、空皮壳。

3.解剖观察判断 剥开雌虾的头胸甲，观察头胸部有没有正在发育的黄色、褐色、黑色的饱满卵粒，如果有这三种卵粒存在，说明这尾雌虾就是没有产卵的雌虾，如果发现有很少、很细小的包裹在透明黏液中的红色卵粒那就是产过卵的雌虾。造成这种情况的主要原因是发育中的卵粒颜色由黄色到黑褐色慢慢过渡，而产卵后的小龙虾头胸部还会存在极少量没有发育成熟的卵粒没有产出，并且开始被雌虾吸收为自身营养物质。

外表观察方法会导致很多误判，只能作为辅助的判断依据。因为，小龙虾生活在干净的水环境中也会腹部干净；很多情况下雌虾恢复时间长，腹足也不会很杂乱；在冬季之后小龙虾长期不吃食也会腹部松瘪。解剖方法是最可靠的，但是会造成雌虾死亡。综合来看：第一步，先分析自己所在的地区，南方繁殖早，北方繁殖晚，再看是几月，基本9～11月是产卵高峰期，之后的时间可以大略判断为都产过卵。第二步，解剖几只雌虾看看，把握大体上的产卵情况。第三步，用外观观察判断方法判断总体产卵情况。

4.判断小龙虾还有多久产卵的经验　雌虾性腺发育的第一阶段：一般在3～6月，卵粒颜色多为白色，极少数为浅黄色或者橘黄色，卵粒分粒不明显，粒径很小，这阶段性腺处于刚发育的开始，不容易观察到，现象不明显。距离产卵还有3～5个月。

雌虾性腺发育的第二阶段：一般在7月，卵粒颜色多为淡黄色，卵粒分粒明显，粒径较大，这阶段性腺处于刚发育的前中期，现象明显，容易观察到。距离产卵还有2～3个月。

雌虾性腺发育的第三阶段：一般在8月，卵粒颜色多为金黄色或者橘黄色，卵粒分粒明显，粒径大，这阶段性腺处于刚发育的中期，现象明显，容易观察到。距离产卵1～2个月。

雌虾性腺发育的第四阶段：一般在9月，卵粒颜色多为黑褐色，卵粒分粒非常明显，粒径大，夹杂少量橘红色未发育的卵粒，这阶段性腺处于刚发育的中后期，现象明显，很容易观察到。距离产卵20～30天。

雌虾性腺发育的第五阶段：一般在10月，卵粒颜色多为深黑色，卵粒分粒非常明显，粒径大，夹杂少量橘红色未发育的卵粒，这阶段性腺处于刚发育的后期，现象明显，非常容易观察到。距离产卵0～20天。

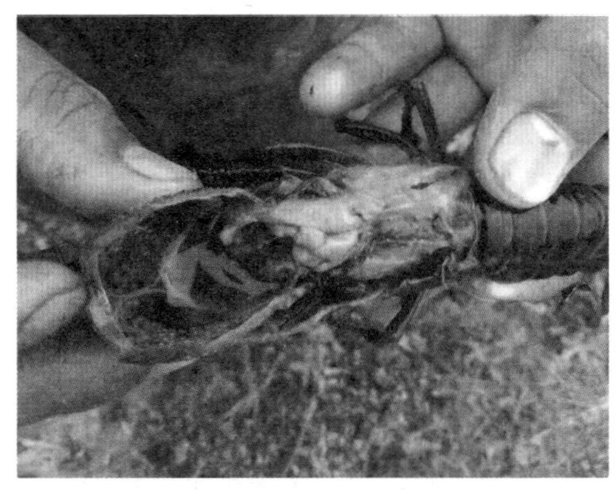

图3-24　从头部就可以鉴别小龙虾的发育程度

雌虾产卵：发育成熟的卵粒由生殖孔排出体外，黏附在腹部腹足上。

经常观察小龙虾产卵状况可以及时掌握小龙

虾繁殖情况，可以为小龙虾幼虾培育提早做准备，采取一些防范的措施，也可以估计第二年的虾苗产量，制定第二年的发展策略。图3-24为小龙虾发育程度鉴别。

（八）及时采苗

稚虾孵化后在母体保护下完成幼虾阶段的生长发育过程。稚虾一离开母体，就能主动摄食，独立生活。此时一定要适时培养轮虫等小型浮游动物供刚孵出的稚虾摄食，估计出苗前3～5天，开始从饲料专用池捕捞少量小型浮游动物入虾苗池。并用熟蛋黄、豆浆等及时补充稚虾、幼虾所需的食料供应。当发现繁殖池中有大量稚虾出现时，应及时采苗，进行虾苗培育。

六、幼虾培育

离开抱卵虾的幼虾体长约为1厘米，在生产上可以直接放入稻田中进行养殖了，但由于此时的幼虾个体很小，自身的游泳能力、捕食能力、对外界环境的适应能力、抵御躲藏敌害的能力都比较弱，如果直接放入大田中养殖，它的成活率是很低的。因此，有条件的地方可进行幼虾的强化培育，待幼虾三次蜕皮后，体长达3厘米左右时，再将幼虾收获投入到大田中养殖，可有效地提高成活率和养殖产量。

（一）幼苗的采捕

1.采捕工具　小龙虾幼苗的采捕工具主要是两种，一种是网，一种是笼。

2.采捕方法　网捕时，方法很简单，一是用三角抄网抄捕，用手抓住草把，把抄网放在草下面，轻轻地抖动草把，即可获取幼虾。二是用虾网诱捕，在专用的虾网上放置一块猪骨头或内脏，待10分钟后提起虾网，即可捕获幼虾。三是用拉网捕捞，用一张柔软的丝质夏花苗拉网，从培育稻田的浅水端向深水端慢慢拖拉即可。

笼捕时，要用特制的密网目制成的小地笼，为了提高捕捞效果，可在笼内放置猪骨头，间隔4小时后收笼。也可用竹篾制成的小篓子，里面放上鸡、鸭下脚料等，从而引诱幼虾而捕捉。

还有一种方法就是放水收虾，方法是将培育稻田的水放至仅淹住集虾槽，然后用抄网在集虾槽收虾，或者用柔软的丝质抄网接住出水口，将培育池的水完全放光，让幼虾随水流入抄网即可。要注意的是，抄网必须放在一个大水盆内，抄网边缘露出水面，这样随水流放出的幼虾才不会因水流的冲击力受伤。

图3-25　带水充氧运输

3.运输技巧　之所以我们建议虾农走自繁自育的路子，而尽可能不要走规模化繁殖的路子，因为重要的一条就是虾苗不容易运输，运输时间不宜超过3小时，否则会影响成活率。根据滁州市水产技术推广站在2005年、2006年、2007年所做的8次试验情况来看，运输时间在一个半小时内，成活率达70%；运输时间超过3小时的死亡率高达60%；超过5小时后，下水的虾苗几乎死光。

因此运输时要讲究技巧，一是要准确制定运输路线，不走弯路；二是准确计算行程，确保运输时间在2小时内；三是要确定运输方法，有的养殖户采取和河蟹大眼幼体一样的干法运输（即无水运输），我们也做了试验，死亡率是非常高的。因此，建议养殖户采用带水充氧运输（图3–25）。

（二）稻田培育幼虾

1.培育稻田的准备

（1）面积：稻田为长方形，面积1.5～2.5亩为好，不宜太大。

（2）条件：田埂坡度25°～30°，虾沟内的水深能保持1.2米，正常保持在0.7米即可，池底部要平坦，以沙土为好，淤泥要少，在培育池的出水口一端要有2～4平方米面积的集虾坑。

（3）防逃：虽然小龙虾的逃逸能力弱于河蟹，幼虾的逃跑能力也比成虾略低一点，但是为了减少损失，防逃设施也是不可少的。防逃设施常用的有两种，一是安插高45厘米的硬质钙塑板作为防逃板，埋入田埂泥土中约15厘米，每隔100厘米处用一木桩固定。注意四角应做成弧形，防止小龙虾沿夹角攀爬外逃。二是采用网片和硬质塑料薄膜共同防逃，用高50厘米的有机纱窗围在池埂四周，在网上内面距顶端10厘米处再缝上一条宽25厘米的硬质塑料薄膜即可（图3–26）。

（4）水质：水质要求清新，无任何污染，含氧量保持在5毫克/升以上，pH值适宜为7.0～9.0，最佳7.5～8.5，透明度35厘米左右。进水口用20～40目筛网过滤进水，防止昆虫、小鱼虾等敌害生物随进水时进入池中。

图 3-26　培育幼虾的稻田及防逃

（5）清理消毒：放虾苗前15天，要对稻田进行清理消毒，用生石灰溶水后全田泼洒，生石灰用量为100千克/亩。

（6）移植水草：稻田四周要移植和投放一定数量的沉水性及漂浮性水生植物，在生产上我们一般设置水花生带，带宽40～60厘米，可用水葫芦、浮萍、水浮莲等。也要保证稻田中有一定的菹草、金鱼藻、轮叶黑藻、伊乐藻、眼子菜等沉水性植物，将它们扎成一团，然后用小石块系好沉于水底，每5平方米放一团。水草移植面积占养殖总面积的1／3左右。虾沟中还可设置一些水平垂直网片，增加幼虾栖息、蜕壳和隐蔽的场所。这些水生植物供幼虾攀爬，栖息，为蜕壳时的隐蔽场所，还可作为幼虾的饲料，保证幼虾培育有较高的成活率。

（7）施肥培水：每亩施腐熟的人畜粪肥或草粪肥400～500千克，培育幼虾喜食的天然饵料，如轮虫、枝角类、桡足类等浮游生物。

2.幼虾放养

（1）幼虾要求：为了防止在高密度情况下大小幼虾互相残杀，在幼虾放养时，要注意同池中幼虾规格保持一致，体质健壮，无病无伤。

（2）放养时间：要根据幼虾苗采捕而定，放养时间应选择在晴天早晨或傍晚，一般以晴天的上午10时为好。

（3）放养密度：每亩放养幼虾10万尾左右。

（4）放养技巧：一是要带水操作，将幼虾投放在浅水水草区，投放时动作要轻快，要避免使幼虾受伤。二是要试温后放养，方法是将幼虾运输袋去掉外袋，将袋浸泡在培育池内10分钟，然后转动一下再放置10分钟，待水温一致后再开袋放虾，确保运输幼虾水体的水温要和培育田里的水温一致。

3.日常管理 幼虾培育的日常管理是比较简单的，也就是饲料投喂及水质调控等内容。

（1）饲料投喂：由于稻田没有水泥池的可控性强，因此提前培育浮游生物是很有必要的，在放苗前7天向培育稻田内追施发酵过的有机草粪肥，培肥水质，培育枝角类和桡足类浮游动物，为幼虾提供充足的天然饵料，浮游动物也可从池塘或天然水域捞取。在培育过程中主要投喂各种饵料，天然饲料主要有浮萍、水花生、苦草、野杂鱼、绞碎的螺蛳肉、蚯蚓、蚕蛹、鱼肉糜、鱼粉等饲料，也可投喂屠宰场和食品加工厂的下脚料，人工饲料主要有豆腐、豆渣、豆浆、豆饼、玉米、麦子、配合饲料等，粉碎混合成糜状或加工成软颗粒饲料。饲料质量要新鲜适口，严禁投喂腐败变质的饲料。

前期每天投喂3～4次，投喂量以每万尾幼虾0.15～0.20千克，沿稻田四周多点片状投喂。饲养中后期要定时向稻田中投施腐熟的草粪肥，一般每半个月一次，每次每亩100～150千克。同时每天投喂2～3次人工糜状或软颗粒饲料，日投饲量以每万尾幼虾为0.3～0.5千克，或按幼虾体重的4%～8%投饲，白天投喂占日投饵量的40%，晚上占日投饵量的60%。

（2）水质调控：

1）注水与换水：培育过程中，要保持水质清新，溶氧充足，虾苗下田后每周加注新水一次，每次5厘米深，保持池水“肥、活、嫩、爽”，溶氧量在5毫克/升，注水时可采用PVC管伸入田中叠水添加的方法，这样既可增氧又可防止小龙虾戏水外逃。

2）调节pH值：每半月左右泼洒生石灰水一次，每次生石灰用量为7～10千克／亩，进行水质调节并增加水中离子钙的含量，提供幼虾在蜕壳生长时所需的钙质。

（3）日常管理：加强巡田值班，早晚巡视，观察幼虾摄食、活动、蜕壳、水质变化等情况，并做好日常记录，发现异常及时采取措施。防逃防鼠，下雨加水时严防幼虾顶水逃逸。在池周设置防鼠网、灭鼠器械防止老鼠捕食幼虾。

（三）幼虾收获

在稻田培育池中收获幼虾很简单，一是用密网片围绕小块稻田培育池拉网起捕；二是直接放水起捕，然后用抄网在出水口接住，要注意放水时水流不能太快，否则会对幼虾造成伤害。

七、虾种的放养

（一）放养准备

在放养小龙虾前10～15天，要先清理一次环形虾沟和田间沟，主要是除去表层浮土，修正垮塌的沟壁等，同时每亩稻田的环形虾沟和田间沟用生石灰20～50千克，或选用其他药物如鱼藤酮、茶粕、漂白粉等，对这些虾沟进行彻底清沟消毒，从而杀灭野杂鱼类（黄鳝、泥鳅、鲶鱼等）、敌害生物（蛙卵、蛇、鼠等）及寄生虫等致病源。在放养前7～10天，确保稻田中的水位在15～20厘米，在沟中每亩施放禽畜粪肥300～500千克，以培肥水质，保证小龙虾有充足的活饵供取食。同时每亩水体要投放螺蛳150千克，既可清洁水质，又为小龙虾提供鲜活的天然饵料。

（二）移栽水草

“虾多少，看水草”。水草不仅是小龙虾隐蔽、栖息、蜕皮生长的理想场所，又能净化水质，减低水体的肥度，对提高水体透明度，促使水环境清新有重要作用。同时，在养殖过程中，有时可能会发生投喂饲料不足的情况，这时水草也可作为小龙虾的重要补充饲

图 3-27　在田间沟的平台上也要栽上水草

料来维持它的生长。在实际养殖中，我们发现在虾沟内种植水草能有效提高小龙虾的成活率、养殖产量和产出优质商品虾。因此，种植水草对于稻田养殖小龙虾是非常重要的，也是不可缺少的一个环节（图3–27）。

移植水草是个技术活，有一定的讲究，马虎不得。一要移植小龙虾喜欢的水草，这有两个含义，一个是小龙虾喜欢吃水草，把水草作为丰富的植物性食料来源之一；另一个是小龙虾喜欢这种水草所营造的环境，对于小龙虾不喜欢的水草最好不要移栽。二种植水草要有差异性，在环形虾沟及田间沟内栽植聚草、苦草、水芋、慈姑、水花生、轮叶黑藻、金鱼藻、眼子菜等沉水性水生植物，在沟边种植空心菜，在水面上移养漂浮水生植物如芜萍、紫背浮萍、凤眼莲等。但要控制水草的面积，一般水草占环形虾沟面积的40%～50%，从而为放养的小龙虾创造一个良好的生态条件。要提醒养殖户的是虾沟或环形沟内的水草以零星分布为好，不要过多地聚集在一起，这样有利于虾沟内水流畅通。

在稻田中移栽水草，一般可以分为两种情况进行，一种情况是在秧苗成活后移栽。还有一种情况是稻谷收获后，人工移栽水草，供来年小龙虾使用。

（三）放养时间

不论是当年虾种，还是抱卵的亲虾，应力争一个“早”字。早放既可延长虾在稻田中的生长期，又能充分利用稻田施肥后所培养的大量天然饵料资源。常规放养时间一般在每年10月或翌年3月底。也可以采取随时捕捞、及时补充的放养方式。

一种是在水稻收割后放养抱卵亲虾或大规格虾种，主要是为来年生产服务；另一种是在小秧栽插后

图3–28　放养效果较好的小龙虾

放养经培育后的虾苗，主要是当年养成，部分可以为来年服务。有的养殖户采用将抱卵亲虾直接放入外围大沟内饲养越冬，待第二年秧苗返青后再引诱虾入稻田生长，这种方法效果很好。在5月以后随时补放，以放养当年人工繁殖的稚虾为主（图3–28）。

（四）进水和施肥

在放苗前7～15天，向稻田中加注新水，确保秧苗处入水20厘米以上。向稻田中注入新水时，要用40～80目纱布过滤，防止野杂鱼及鱼卵随水流进入稻田中。在进水完成后，施用发酵好的有机粪肥，如施发酵过的鸡粪、猪粪及青草绿肥等有机肥，施用量为每亩300千克左右，另加尿素0.5千克，使池水pH值在7.5～8.5，虾沟内的透明度为30～40厘米，可以有助于培育轮虫、枝角类、桡足类等基础饵料生物，供幼虾摄食。

（五）投放螺蛳

螺蛳是小龙虾很重要的动物性饵料，在放养前必须放好螺蛳，放养数量有一定区别，一般保证虾沟内每亩放养200～300千克，其他的稻田部分每亩放养100千克就可以了，以后根据需要逐步添加。投放螺蛳一方面可以净化底质，另一方面可以补充动物性饵料，这对养殖小龙虾来说是至关重要的。

（六）放养苗种的要求及操作方法

投放的虾苗或种的质量要求：一是体表光洁亮丽、肢体完整健全、无伤无病、体质健壮、生命力强。二是规格整齐，稚虾规格在1厘米以上，虾种规格在3厘米左右。同一稻田里放养的虾苗、虾种规格要一致，一次放足。三是虾苗、虾种都是人工培育的，如果是野生虾种，应经过一段时间驯养后再放养，以免相互争斗残杀。

在稻田放养虾苗，一般选择晴天早晨和傍晚或阴雨天进行，这时天气凉快，水温稳定，有利于放养的小龙虾适应新的环境。在放养前要进行缓苗处理，方法是将苗种在池水内浸泡1分钟，提起搁置2～3分钟，再浸泡1分钟，如此反复2～3次，让苗种体表和鳃腔吸足水分后再放养，以提高成活率。放养时，沿沟四周多点投放，使小龙虾苗种在沟内均匀分布，避免因过分集中引起缺氧窒息死亡。小龙虾在放养时，要注意幼虾的质量，同一田块放养规格要尽可能整齐，放养时一次放足。放养前用3%～5%食盐水浴洗10分钟，杀灭寄生虫和致病菌。另外，很重要的一点就是小龙虾虾苗种在放养时要试水，试水安全后，才可投放幼虾。

（七）虾苗放养密度

小龙虾具体的放养虾种密度还要取决于稻田的环境条件、饵料来源、虾种来源和规格、水源条件、饲养管理技术等。总之，要根据当地实际，因地制宜，灵活机动地投放虾种。根据我们的经验，如果是自己培育的幼虾，则要求放养规格在2～3厘米，每亩放养14 000～15 000尾。

放养量的简易计算：稻田内幼虾的放养量可用下式进行计算。

幼虾放养量（尾）=养虾稻田面积（亩）×计划亩产量（千克）×预计出池规格（尾/千克）/预计成活率（%）

其中：计划亩产量，是根据往年已达到的亩产量，结合当年养殖条件和采取的措施，预计可达到的亩产量，一般为200～250千克；预计成活率，一般可取40%；预计出池规格，根据市场要求，一般为30～40尾/千克；计算出来的数据可取整数。

（八）亲虾的放养时间探讨

从理论上来说，只要稻田内有水，就可以放养亲虾，但从实际的生产情况对比来看，放养时间在每年的8月上旬到9月中旬的产量最高。我们经过认真分析和实践，认为原因一方面是因为这个时间的温度比较高，稻田内的饵料生物比较丰富，为亲虾的繁殖和生长创造了非常好的条件；另一方面是亲虾刚完成交配，还没有抱卵，投放到稻田后刚好可以繁殖出大量的小虾，到第2年5月就可以长成成虾。如果推迟到9月下旬以后放养，有一部分亲虾已经繁殖，在稻田中繁殖出来的虾苗的数量相对就要少一些。且小龙虾的亲虾一般都是采用地笼捕捞的虾，9月下旬以后小龙虾的运动量下降，用地笼捕捞的效果不是很好，购买亲虾的数量就难以保证。因此我们建议要趁早购买亲虾，时间定在每年的8月初，最迟不能晚于9月25日，那么每亩放养规格为25～30尾/千克的虾种15～20千克，雌雄比例为3∶1。投放后可少量投喂，小龙虾除了可以自行摄食稻田中的有机碎屑、浮游动物、水生昆虫、周丛生物及水草等作为食物外，还要及时投喂少部分饲料（图3–29）。

由于亲虾放养与水稻移植有一定的时间差，因此暂养亲虾是必要的。目前常用的暂养方法有网箱暂养或田头土池暂养，由于网箱暂养时间不宜过长，否则会折断附肢且互相残杀现象严重，因此建议在田头开辟土池暂养。具体方法是亲虾放养前半个月，在稻田田头开挖一条占稻田面积2%～5%的土池，用于暂养亲虾。待秧苗移植一周且禾苗成活返青后，可将暂养池与土池挖通，并用微流水刺激，促进亲虾进入大田生长，通常称为稻田二级养虾法。利用此种方法可以有效地提高小龙虾成活率，也能促进小龙虾适应新的生态环境。

图 3–29　9 月前放养这种亲虾最适宜

技巧四 清整除患是成功养虾的基础

一、田间沟清整

图 4-1 稻田需要及时清整

在小龙虾的养殖过程中，会有各种各样的生物敌害、病菌、药害等影响小龙虾的生长发育，甚至危害它们的生命健康。因此，我们一定要为它们创造良好的生活环境，促进它们健康安全地生长，这就要求我们在养殖过程中着重做好两件事，

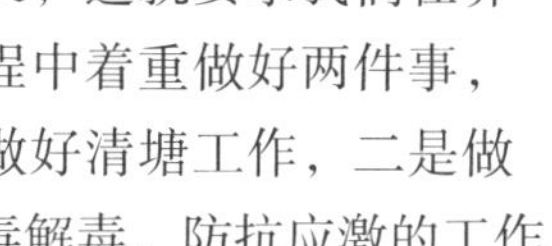

一是做好清塘工作，二是做好排毒解毒、防抗应激的工作。

稻田尤其是田间沟是小龙虾生活的地方，田间沟的环境条件直接影响到小龙虾的生长、发育，可以这样说，田间沟的清整工作是改善养虾环境条件的一项重要工作（图4–1）。

（一）清整的好处

定期对田间沟进行清整，从养殖的角度上来看，有六个好处：

1.减少小龙虾得病的机会　田间沟的淤泥里存在各种病菌，另外淤泥过多也易使水质变坏，水体酸性增加，易于病菌大量繁殖，使小龙虾抵抗力减弱。通过清整能杀灭水中和底泥中的各种病原菌、细菌、寄生虫等，减少小龙虾疾病的发生概率。

2.杀灭有害物质　通过对田间沟的清淤，可以杀灭对小龙虾尤其是蜕壳虾有害的生物，例如：蛇、鼠、水生昆虫、野杂鱼类（鲶鱼、乌鳢等）及一些致病菌。

3.起到加固田埂的作用　养殖几年的稻田，在波浪的侵蚀下，有的田埂被掏空，有的田埂出现了崩塌现象。在清整的同时，可以将沟底周围的淤泥挖起放在田埂上，待稍干时应拍打紧实，可以加固田埂，对崩塌的田埂也要进行修整（图4-2）。

图 4-2　田埂的加固

（二）生石灰清整

生石灰也就是我们所说的石灰膏（图4-3），价格低廉，是目前国内外公认最好的“消毒剂”，既可改良水质，又具一定的杀菌消毒功效，是目前用于消毒清塘最有效的药物。它的缺点就是用量较大，使用时占用的劳动力较多，而且生石灰有严重的腐蚀性，操作不慎，会对人的皮肤等造成一定伤害，因此在使用时要小心操作。

图 4-3　生石灰

1.生石灰清塘的原理　生石灰遇水后会发生化学反应，放出大量热能，产生具有强碱性的氢氧化钙，这种强碱能在短时间内使水体的pH值迅速提高到11以上。因此，用生石灰能迅速杀死水体里的水生昆虫及虫卵、野杂鱼、青苔、病原体等，可以说是一种广谱性的清整药物。另外，生石灰遇水作用后生成的强碱与底泥中的腐殖酸产生中和作用，使田水呈中性或偏弱碱性，既改良了水体中的水质和沟底的土质，同时也能补充大量的钙质，有利于小龙虾的蜕壳和生长发育。这也是在小龙虾的生长期中，需要经常用生石灰化水泼洒以调节水质的重要原因。

2.生石灰清塘的优点 一是灭害作用。用生石灰清整时，通过与底泥的混合，能迅速杀死隐藏在底泥中的泥鳅、黄鳝、乌鳢等各种杂害鱼，水蛆、水鳖虫等水生昆虫和虫卵，青苔、绿藻等一些水生植物，鱼类寄生虫、病原菌及其孢子和老鼠、水蛇、青蛙等敌害，减少疾病的发生和传染，改善小龙虾栖息的生态环境。

二是改良水质。由于生石灰能放出强碱性的物质，因此泼洒后水的碱性就会明显增强。这种碱性能通过絮凝作用使水中悬浮状的有机质快速沉淀，对于混浊的田水能适当起到澄清的作用，非常有利于浮游生物的繁殖，那些浮游生物又是小龙虾的天然饵料之一，因此有利于促进小龙虾的生长。

三是改良土质和肥水。生石灰遇水作用产生氢氧化钙，氢氧化钙继续吸收水生动物呼吸作用放出的二氧化碳生成碳酸钙沉入池底。这一方面可以有效地降低水体中二氧化碳的含量，另一方面碳酸钙能起到疏松土层的作用，改善底泥的通气条件，同时能加速细菌分解有机质的作用，并能快速释放出长期被淤泥吸附的氮、磷、钾等营养盐类，从而增加水的肥度，可让池水变肥，间接起到施肥的作用，促进小龙虾天然饵料的繁育，当然也就促进小龙虾的生长。

实践证明，在经常施用生石灰的稻田，小龙虾生长得快，个体长得大，而且发病率也低。

3.干法清整 生石灰清塘可分干法清整和带水清整两种方法。通常都是使用干法，在水源不方便或无法排干水的稻田时才用带水法。

在虾种放养前20～30天，排干池水，保留水深5厘米左右，并不是要把水完全排干，在沟底四周和中间多选几个点，挖成一个个小坑，小坑的面积约2平方米即可，将生石灰倒入小坑内，用量为每亩稻田（如果田面不清整消毒时，只计算田间沟的面积就可以了）用生石灰40千克左右，加水后生石灰会立即溶化成石灰浆水，同时会放出大量的烟气并发出咕嘟咕嘟的声音，这时要趁热向四周均匀泼洒，边缘和沟的中心及洞穴都要洒到。为了提高消毒效果，第二天可用铁耙再将沟底淤泥耙动一下，使石灰浆和淤泥充分混合，否则泥鳅、乌鳢和黄鳝钻入泥中杀不死。然后再经3～5天晒塘后，灌入新水，经试水确认无毒后，就可以投放虾种。

4.带水清整 对于排水不方便的场所或者为了赶时间，可采用带水清整的方法。这种清整消毒措施速度快，效果好。缺点是石灰用量较多。

在小龙虾苗种投放前15天，每亩水面水深50厘米时，用生石灰150千克溶于水中后，将生石灰放入大木盆、小木船、塑料桶等容器中化开成石灰浆，操作人员穿防水裤下水，将石灰浆全沟均匀泼洒。用带水法虽然工作量大一点，但它的效果很好，可以把石灰水直接灌进池埂边的鼠洞、蛇洞、泥鳅和鳝洞里，能彻底地杀死病害（图4–4）。

图 4–4 生石灰带水清整

5.测试余毒 就是测试水体中是否还有毒性，这在水产养殖中是经常应用的一项小技巧。测试的方法是在消毒后的池子里放一只小网箱，在预计毒性已经消失的时间，向小网箱中放入50只虾种或虾苗，如果在1天（24小时）内，网箱里的苗种既没有死亡也没有任何其他的不适反应，就说明生石灰的毒性已经全部消失，这时就可以大量放养苗种了。如果24小时内仍然有测试的苗种死亡，那就说明毒性还没有完全消失，这时可以再次换水1/3～1/2，然后过1～2天再次测试，直到完全安全后才能放养苗种。后文的药剂消毒性能的测试方法是一样的。

6.巧用生石灰 对于水产养殖者来说，生石灰是个好东西，来源广、效果好，而且功能也很强大，我们在养殖时一定要好好利用生石灰。

一是可用作水质调节剂。如果小龙虾养殖的稻田水质易呈酸性、老化时，可用浓度为15～20毫克/升的生石灰液全池泼洒，能够调节水质，改善水体养殖环境。另外，定期在养虾的稻田里泼洒生石灰，可有效增加水体的钙含量，有利于小龙虾壳质的形成，促进蜕壳的顺利进行。

二是可用作防霉剂。部分用于水产养殖的饲料，特别是用秸秆类制作的饲料，存放一定时间会发生霉变，若在饲料中加入一定量的生石灰，使其处于碱性条件下，可抑制和杀死微生物，从而起到一定的防霉保鲜作用。

三是可用作稻田涵洞的填料剂。在稻田加高加固田埂中埋入注水管道、排水管道时，用生石灰作为填料堵塞管道周围的缝隙，既可以填充缝隙，又能防止黄鳝、蛇、鼠等顺着管道打洞，效果较好。

四是可用作消毒剂。前文刚刚讲述。

7.注意问题 使用生石灰，效果是最好的，但是最好并不能代表就可以乱用，我们在使用生石灰调节时无论是干法还是带水，都要注意如下事项，否则就不可能取得理想效果。

第一是生石灰的选择，最好是选择质量好的生石灰，就是那些没有风化的新鲜石灰，呈块状、较轻、不含杂质、遇水后反应剧烈且体积膨大得明显。不宜使用建筑上袋装的生石灰，袋装的生石灰杂质含量高，其有效成分氧化钙的含量比块状的低，如只能使用袋状生石灰应适当增加用量，另外有些已经潮解的石灰功效降低，也不宜使用。

第二是要科学掌握生石灰的用量，以上介绍的只是一个参考用量，具体的用量还要在实践中摸索。石灰的毒性消失期与用量有关，如果石灰质量差或淤泥多时要适当增加石灰用量。

第三是在用生石灰消毒时，就不要施肥。这是因为一方面肥料中所含的离子氨会因pH值升高转化为非离子氨，这种非离子氨是有毒性的，对小龙虾产生毒害作用。另一方面是肥料中的磷酸盐会和石灰释放出来的钙离子发生化学反应，变成难溶性的磷酸钙，从而明显降低肥效。

第四是在用生石灰时，可以与酸性的漂白粉或含氯消毒剂交替使用，间隔时间为7天左右，但不能同时使用，这是因为生石灰是碱性药物，同时使用时会产生拮抗作用，降低药效。

生石灰不能与敌百虫等杀虫剂同时使用，这是因为敌百虫遇到强碱后会水解生成敌敌畏，增大毒性，残毒没有被完全清除后容易毒死稻田里的幼虾。

第五是生石灰的具体使用要根据田间沟中的pH值和稻田的条件具体情况而定，不可千篇一律。这是因为不同的稻田可能并不完全都适合用生石灰来处理。一般长期养殖的稻田，这里的小龙虾摄食生长旺盛，需要经常泼洒生石灰，稻田的水质改善效果较好；对于那些新挖的田间沟，由于沟底是一片白泥底，没有底部淤泥沉积，因而水体的缓冲能力弱，稻田里的有机物不足，不宜施用生石灰，否则会使有限的有机物分解加剧，肥力进一步下降，更难培肥水质；对于水体pH值较低的稻田，则要定期泼洒生石灰加以调节至正常水平；水体pH值较高时，如果稻田里钙离子过量的话，也不宜再施用生石灰，因为这时施用生石灰，会使水中有效磷浓度降低，造成水体缺磷，从而影响浮游植物的正常生长。

第六是使用生石灰宜在晴天进行。阴雨天气温低，影响药效，一般水温升高10℃药效可增加一倍。早春水温3～5℃时要适当地增加用量30%～40%。生石灰最好随用随买，一次用完，效果较好。放置时间久了，生石灰会吸收空气中的水分和二氧化碳生成碳酸钙而失效。若购买了生石灰正巧天气不好，最好用塑料薄膜覆盖，并做好防潮工作。

（三）漂白粉清整

1.漂白粉清整的原理　漂白粉是一种常用的粉剂消毒剂，清整的效果与生石灰相近，其作用原理不同。当它遇到水后也能产生化学反应，放出次氯酸和氯化钙。漂白粉遇水后有一种强烈的刺鼻味道，这就是次氯酸，不稳定的次氯酸会立即分解放出氧原子，初生态氧有强烈的杀菌和杀死敌害生物的作用。因此，漂白粉具有杀死野杂鱼和其他敌害的作用，杀菌效力很强。

2.漂白粉清整的优点　漂白粉清整时的优点与生石灰基本相同，

能杀死鱼类、蛙类、蝌蚪、螺蛳、水生昆虫、寄生虫和病原体，但是它的药性消失比生石灰更快，而且用量更少，但没有生石灰改良水质和使水变肥的作用，用漂白粉后，稻田不会形成浮游生物高峰，且漂白粉容易潮解，易降低药效，使含氯量不稳定。因此，在生石灰缺乏或交通不便的地区或劳动力比较紧张的地区，采用这个方法更有效果，尤其是对一些急于使用的稻田更为适宜。

3.带水清整 和生石灰一样，漂白粉清整消毒也有干法和带水两种方式。使用漂白粉要根据田间沟（或稻田）水量的多少决定用量。

在用漂白粉带水使用时，要求水深0.5～1米，漂白粉的用量为每亩水面用10～15千克，先在木桶或瓷盆内加水将漂白粉完全溶化后，全沟或全田均匀泼洒，也可将漂白粉顺风撒入水中，然后划动水体，使药物分布均匀。一般用漂白粉清池消毒后3～5天即可注入新水和施肥，再过两三天后，就可投放小龙虾进行饲养（图4–5）。

图 4-5 用漂白粉清整

4.干法清整 在漂白粉干塘使用时，用量为每亩水面用5～10千克，使用时先用木桶加水将漂白粉完全溶化，然后全沟或全田均匀泼洒即可。

5.注意事项 第一是漂白粉一般含有效氯30%左右，清整时的用量按漂白粉有效氯30%计算，由于它具有易挥发的特性，因此在使用前先对漂白粉的有效含量进行测定，在有效范围内（含有效氯30%）方可使用，如果部分漂白粉失效了，这时可通过换算来计算出合适的用量。目前，市场上有二氯异氰尿酸纳、三氯异氰尿酸纳、三氯异氰尿酸等含氯药物亦可使用，但应计算准确。

第二是漂白粉极易挥发和分解，释放出的初生态氧容易与金属起反应。因此，漂白粉应密封在陶瓷容器或塑料袋内，存放在阴凉干燥的地方，防止失效。加水溶解稀释时，不能用铝、铁等金属容器，以免被氧化。

第三是操作时要注意安全，漂白粉的腐蚀性强，不要沾染皮肤和衣物。操作人员施药时应戴上口罩，并站在上风处泼洒，以防中毒。同时，要防止衣服被漂白粉沾染而受腐蚀。

第四是漂白粉的药性与温度也有关，所以在早春时分也应增加用量。

第五是漂白粉的消毒效果常受水中有机物影响，如沟底的水质肥、有机物质多，清塘效果就差一些。

（四）生石灰、漂白粉交替清整

有时为了提高效果，降低成本，就采用生石灰、漂白粉交替清整的方法，比单独使用漂白粉或生石灰清整效果好。也分为带水和干法两种，带水清整，水深1米时，每亩用生石灰60～75千克加漂白粉5～7千克。

图4-6 用生石灰、漂白粉交替清整

干法清整，水深在10厘米左右，每亩用生石灰30～35千克加漂白粉2～3千克，化水后趁热全沟泼洒。使用方法与前面两种相同，7天后即可放虾，效果比单用一种药物更好。

（五）漂白精清整

干法使用时，可排干池水，每亩用有效氯占60%～70%的漂白精2～2.5千克。

带水使用时，每亩每米水深用有效氯占60%～70%的漂白精6～7千克，使用时，先将漂白精放入木盆或搪瓷盆内，加水稀释后进行全沟均匀泼洒。

（六）茶粕清整

茶粕是广东、广西常用的清整药物。它是山茶科植物油茶、茶梅或广宁茶的果实榨油后所剩余的渣滓，形状与菜饼相似，又叫茶籽饼。茶粕含皂苷，是一种溶血性毒素，能溶化动物的红血球而使其死亡。水深1米时，每亩用茶粕25千克。将茶粕捣碎成小块，放入容器中加热水浸泡一昼夜，然后加水稀释，连渣带汁全田均匀泼洒。在消毒10天后，毒性基本消失，可投放小龙虾进行养殖。

应注意的是，在选择茶粕时，要尽可能地选择黑中带红、有刺激性、很脆的优质茶粕，这种茶粕的药性大，消毒效果好。

（七）生石灰和茶碱混合清整

此法适合稻田进水后用，把生石灰和茶碱放进水中溶解后，全田泼洒，生石灰每亩用量50千克，茶碱10～15千克。

（八）鱼藤酮清整

鱼藤酮又名鱼藤精，是从豆科植物鱼藤及毛鱼藤的根皮中提取的，能溶解于有机溶剂，对害虫有触杀和胃毒作用，对鱼类有剧毒。使用含量为7.5%的鱼藤酮的原液，水深1米时，每亩使用700毫升，加水稀释后装入喷雾器中遍池喷洒。能杀灭几乎所有的敌害鱼类和部分水生昆虫，对浮游生物、致病细菌和寄生虫没有什么作用。效果比前几种药物差一些，毒性7天左右消失，这时就可以投放小龙虾了。

（九）巴豆清整

巴豆是江浙一带常用的清整药物，近年来已被生石灰等取代。巴豆是大戟科植物的果实，所含的巴豆素是一种凝血性毒素，只能杀死大部分敌害杂鱼，能使鱼类的血液凝固而死亡。对致病菌、寄生虫、水生昆虫等没有杀灭作用，也没有改善土壤的作用。

在水深10厘米时，每亩用5～7千克。将巴豆捣碎磨细装入罐中，也可以浸水磨碎成糊状装进酒坛，加烧酒100克或用3%的食盐水密封浸泡2～3天，用田水将巴豆稀释后连渣带汁全田均匀泼洒。10～15天后，再注水1米深，待药性彻底消失后放养小龙虾。

应注意的是，由于巴豆对人体的毒性很大，施巴豆的田埂附近的蔬菜等，需要过5～6天以后才能食用。

（十）氨水清整

氨水是一种挥发性的液体，一般含氮12.5%～20%，是一种碱性物质，将它泼洒到稻田里，能迅速杀死水中的鱼类和大多数的水生昆虫。使用方法是在水深10厘米时，每亩用量60千克。在使用时要同时加三倍左右的底泥，目的是减少氨水的挥发，防止药性消失过快。一般在使用一周后药性基本消失，这时就可以放养小龙虾了。

（十一）二氧化氯清整

二氧化氯清整消毒是近年来才渐渐被养殖户所接受的一种消毒方式，它的消毒方法是先引入水源后再用二氧化氯消毒，用量为10～20千克/（亩·米）水深，7～10天后放苗。该方法能有效杀死浮游生物、野杂鱼虾类等，防止蓝绿藻大量滋生。放苗之前一定要试水，确定安全后才可放苗。值得注意的是，由于二氧化氯具有较强的氧化性，加上它易爆炸，容易发生危险，因此在储存和消毒时一定要做好安全工作。

（十二）茶皂素清整

使用时将茶皂素用水浸泡数小时，按每立方米水体1～2克的用量撒入水中，经1～2小时即可杀死水体中的敌害。

（十三）药物清整时的注意事项

在养殖小龙虾时，经过清整的田间沟，能改善水体的生态环境，提高苗种的成活率，增加产量，提高经济效益。无论采用哪种药物和清整消毒方式，都要注意以下几点：

一是清整消毒的时间要恰当，不要太早也不宜过迟，一般是掌握在小龙虾下塘前10～15天进行比较合适。如果过早清整后，待加水后小龙虾却没有入田，这时田间沟里又可能会产生虫害等；而过迟清整消毒时，药物的毒性还没有完全消失，这时小龙虾苗种已经到了稻田边，如果立即放苗，很有可能对小龙虾苗种有毒害作用，从而影响它们的生产，如果不放，这么多的苗种放在何处，下次再捕捞又是个问题等。

二是上述的清整药物各有其特点，可根据具体情况灵活掌握使用。使用上述药物后，田水中的药性一般需经7～10天才能消失，在小龙虾苗种下田前必须进行水中余毒的测试，测试方法上文已经讲述，只有在确认水体无毒后才能投放小龙虾苗种。

三是为了提高药物清整的效果，建议选择在晴天的中午进行药物清整，而在其他时间尽量不要清整，尤其是阴雨天更不要清整。

二、解毒处理

（一）降解残毒

在运用各种药物对田间沟清整、水体消毒、杀死病原菌、除去杂鱼等后，稻田里可能会有各种毒性物质存在，这时必须先对水体进行解毒后方可用于养殖。

解毒的目的就是降解消毒药品的残毒及重金属、亚硝酸盐、硫化氢、氨氮、甲烷和其他有害物质的毒性，可在清整消毒除杂的5天后泼洒卓越净水王、解毒超爽或其他有效的解毒药剂（图4-7）。

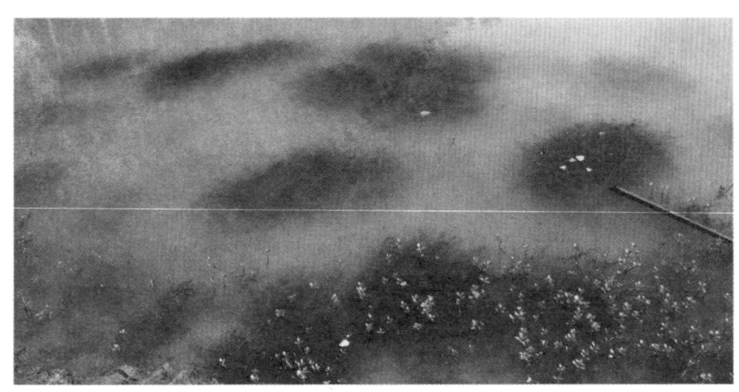

图 4-7　及时降解残毒

（二）防毒排毒

防毒排毒是指定期有效地预防和消除养殖过程中出现或可能出现的各种毒害，如重金属中毒、消毒杀虫灭藻药中毒、亚硝酸盐中毒、硫化氢中毒、氨中毒、饲料霉变中毒、藻类中毒等。尤其重金属对小龙虾养殖的危害，我们必须有清醒的认识。

常见的重金属离子有铅、汞、铜、镉、锰、铬、铝、锑等，重金属的来源主要有三方面：第一个方面是来自工业污水、生活污水、种养污水等，它们在排放后通过一定的渠道会注入或污染小龙虾养殖的进水口，从而造成重金属超标，不经过解毒处理无法放小龙虾苗种。第二个方面是来自于所抽的地下水，本身重金属超标。第三个方面是自我污染，也就是说在养殖过程中滥用各种吸附型水质和底质改良剂等，从而导致重金属离子超标。尤其是养殖时间久了，沟底的有机物随着投饵量、虾粪便及动植物尸体的不断增多，底质环境非常脆弱，受气候、溶氧、有害微生物的影响，容易产生氨氮、硫化氢、亚硝酸盐、甲烷、重金属等有毒物质，其中有些有毒成分可以检出，有的受条件限制无法检出，比如重金属和甲烷。还有一种自我污染的途径就是由于管理的疏忽，对沟底的有机物没有进行及时有效的处理，造成水质富营养化，产生水华和蓝藻。那些老化及死亡的藻类，以及泼洒消毒药后投喂的饵料都携带着有毒成分，且容易被小龙虾误食，从而造成小龙虾中毒。

重金属超标会严重损害小龙虾的神经系统、造血系统、呼吸系统和排泄系统，从而引发神经功能紊乱、代谢失常、肝胰腺坏死、肝脏肿大、败血、黑鳃、烂鳃、停止生长等症状。

因此我们在小龙虾的日常管理工作中就要做好防毒解毒工作，从而消除养殖的健康隐患。

首先是对外来的养殖水源要加强监管，努力做到不使用污染水源；其次是在使用自备井水时，要做好暴晒的工作和及时用药物解毒的工作；再次就是在养殖过程中不滥用药物，减少自我污染的可能性。因此中后期的定期解毒排毒很有必要。

三、其他清除隐患的技术

（一）培植有益微生物种群

培植有益微生物种群，不仅能抑制病原微生物的生长繁殖，消除健康养殖隐患，还可将塘底有机物和生物尸体通过生物降解转化成藻类、水草所需的营养盐类，为肥水培藻、强壮水草奠定良好的基础。在解毒3～5小时后，就可以采用有益微生物制剂如水底双改、底改灵、底改王等药物按使用说明全池泼洒，目的是快速培植有益微生物种群，用来分解消毒杀死的各种生物尸体，避免二次污染，消除病原隐患。

如果不用有益微生物对消毒杀死的生物尸体进行彻底的分解或消解的话，清整消毒就不彻底。这样的危害是那些具有抗体的病原微生物待消毒药效过期后就会复活，而且它们会在复活后利用残留的生物尸体作培养基大量繁殖。而病原微生物复活的时间恰好是小龙虾蜕壳最频繁的时期，蜕壳时的小龙虾活力弱，免疫力低下，抗病能力差，病原微生物极易侵入虾体，容易引发病害。所以，我们必须在用药后及时解毒，培育有益微生物的种群（图4–8）。

图 4–8　培育有益微生物种群

（二）防应激、抗应激

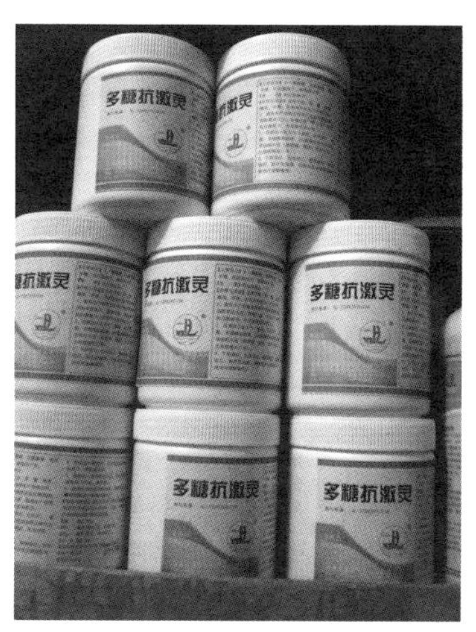

图 4-9　抗应激的药品

防应激、抗应激，无论是对水草、藻相和小龙虾都很重要。如果水草、藻相应激而死亡，那么水环境就会发生变化，直接导致小龙虾马上连带发生应激反应。可以这样说，大多数的小龙虾病害是因应激反应导致小龙虾活力下降，病原体侵入小龙虾体内而引发的。

水草、藻相的应激反应主要是受气候、用药、环境变化（如温差、台风天、低气压、强降雨、阴雨天、风向变化、夏季长时间水温高）的影响而发生的。为防止气候变化引起应激反应，应提前收听天气预报预知未来3天的天气情况，当出现闷热无风、阴雨连绵、台风暴雨、风向不定、雨后初晴、持续高温等情况和水质泥浊等不良水质时，不宜过量使用微生物制剂或微生物底改调水改底，更不宜使用消毒药；同时，应酌情减料投喂或停喂，否则会刺激小龙虾产生强应激反应，从而导致恶性病害发生，造成严重后果。图4-9为抗应激的药品。

（三）做好补钙工作

在稻田养殖小龙虾的过程中，有一项工作常常被养殖户忽视，但却是养殖小龙虾成功与否的关键，这项工作就是补钙（图4-10）。

1.水草、藻类生长需要吸收钙元素　钙是植物细胞壁的重要组成成分，如果稻田中缺钙，就会限制田里的水草和藻类的繁殖。我们在放苗前肥水时，常常会发现有肥水困难或水草老化、腐败现象，其中一个重要的原因就是水中缺乏钙元素，导致藻类、水草难以生长繁殖。因此肥水前或肥水时需要先对池水进行补钙，最好是补充活性钙，以促进藻类、水草快速吸收转化，达到“肥、活、嫩、爽”的效果。

2.养殖用水要求有合适的硬度和合适的总碱度　养殖用水的钙、

镁含量合适，除了可以稳定水质和底质的pH值，增强水的缓冲能力，还能在一定程度上降低重金属的毒性，并能促进有益微生物的生长繁殖，加快有机物的分解矿化，从而加速植物营养物质的循环再生，对抢救倒藻、增强水草生命力、修复水质及调理和改善各种危险水质、底质，效果显著。

3.小龙虾的整个生长过程都需要补钙　首先是小龙虾的生长发育离不开钙。钙是动物骨骼、甲壳的重要组成部分，对蛋白质的合成与代谢、碳水化合物的转化、细胞的通透性、染色体的结构与功能等均有重要影响。

其次是小龙虾的生长离不开钙。小龙虾的生长要通过不断的蜕壳和硬壳来完成，因此需要从水体和饲料中吸收大量的钙来满足生长需要，集约化的养殖方式常使水体中矿物质盐的含量严重不足。而钙、磷吸收不足又会导致小龙虾的甲壳不能正常硬化，形成软壳病或者蜕壳不遂，生长速度减慢，严重影响小龙虾的正常生长。因此为了确保小龙虾正常的生长发育和蜕壳的顺利进行，需要及时补钙，用生石灰对环沟进行定期补钙是一种值得推广的方法。

图4-10　及时补钙

（四）极端低温天气的越冬

小龙虾的摄食强度与水温有很大关系，当水温在10℃以上时，小龙虾摄食旺盛；当水温低于10℃时，摄食能力明显下降；当水温进一步下降到3℃时，小龙虾的新陈代谢水平较低，几乎不摄食，一般是潜入到洞穴中或水草丛中冬眠。

冬季在遇到极端低温天气时，只需要保持正常的越冬水位，然后隔几天在田间沟上破冰增加水体里的溶解氧就可以了。千万不能过度地加高稻田的水位，因为越冬后的小龙虾，大部分是抱卵小龙虾，平时已经适应了洞穴和恒定的水位，即使遇到极端严寒天气，也不会被冻死。相反，如果遇到极寒天气时，临时加深水位，洞穴内的小龙虾会因不适应而在天气温暖时自动爬出洞穴，极有可能被冰死。另外在加深水位后，抱卵亲虾腹部上的幼虾或即将孵化的受精卵会因水深压力大而大批死亡，从而导致第二年没有苗种供应的现象。

（五）极端高温天气的度夏

小龙虾为变温水生动物，其代谢活动、酶活性和生长发育与水体中温度有密切的关系。温度升高，窒息点增大；随着温度的升高，代谢强度增加，代谢率增大，小龙虾的能量消耗增大。为维持其正常代谢水平，保持最适宜的生长温度在25～30℃是非常重要的。小龙虾在这个最适生长水温范围内，随着温度的升高，其摄食量也逐渐增大，生长速度也逐渐加快，这个范围的水温维持时间越长，小龙虾的个体增长越快。但是当水温高于35℃，小龙虾的活动量降低，摄食明显减少，多数虾进入洞穴度夏。

夏季当小龙虾遇到极端高温天气时，我们不难发现全国各地都会有池塘养殖河蟹和池塘养殖小龙虾大量死亡的报道，给养殖户造成了巨大损失。以下是小龙虾安全度夏的技巧：一是在秧苗栽插前尽可能地捕捞完稻田里的小龙虾，降低田间沟里的小龙虾密度；二是保持田面25厘米左右的水深，适当提高田间沟里水体的容积；三是做好水体溶氧供应工作，建议采用推水设备保证田间沟里的水呈流动状态，根据我们在安徽省全椒地区做的试验，处于水循环状态的稻田里，水温低、溶氧足，几乎没有发现小龙虾上岸或上草头的现象；四是确保田间沟里的水草覆盖率和成活率，只要不让水草露出水面，然后在流水的作用下，水草基本上是不会死亡的，活水加上水草，就能确保小龙虾度过40℃以上的高温。

技巧五 涵养水源是成功养虾的重心

一、养虾水源及水质要求

（一）养虾水源

用于养殖小龙虾的水源一般有两种：一种是地表水，如江河、湖泊等天然水；另一种是地下水，如井水、泉水。由于水源不同，稻田里的水质也大有差异。但是无论是哪一种水源，必须要保证水量充沛、符合渔业水质标准（图5-1）。

图 5-1　水源要独立，水质要清新

1.地表水　以江河、湖泊水等地表水为水源，一般水质最好，因为这类水水温适宜，水中溶解氧丰富且有大量的浮游生物作为小龙虾的饵料，对小龙虾生长非常有益。其缺点是水中含有较多的野杂鱼、敌害生物，水质极易变质等。在引用前，一定要认真调查或化验证实无害后才能使用，否则将祸及稻田里的小龙虾，造成损失。

2.地下水　打深井取水时，细菌和有机物相对减少，这对小龙虾养殖是有益的。但是地下水存在硬度较大、浮游生物不多、溶解氧较低，要经过日晒升温及曝气后方可用于养殖小龙虾，另外还要考虑供水量是否满足养殖需求，一般要求在10天左右能够把稻田注满就可以了。采用含硫黄和氟等物质超标的地下水，需用好水稀释、混合，暴晒加温，符合渔业水质标准后再用。

另外使用地下水时需要从地下提水，会加大养鱼成本。而且地下水水温低，升温慢，含氧量少，要让水质肥沃需要一定时间。

（二）水质要求

为了防止和控制渔业水域水质污染，保证小龙虾的正常生长、繁殖和成虾的质量，对小龙虾养殖用水也是有要求的，至少应符合国家渔业养殖用水标准（表5-1）。

表5-1　渔业水质标准（毫克/升）

项目序号	项目	标准值
1	色、臭、味	不得使鱼、虾、贝、藻类带有异色、异臭、异味
2	漂浮物质	水面不得出现明显油膜或浮沫
3	悬浮物质	人为增加的量不得超过10，而且悬浮物质沉积于底部后，不得对鱼、虾、贝类产生有害的影响
4	pH值	淡水6.5 ~ 8.5，海水7.0 ~ 8.5
5	溶解氧	连续24小时中，16小时以上必须大于5，其余任何时候不得低于3，对于鲑科鱼类栖息水域冰封期其余任何时候不得低于4
6	生化需氧量（5天、20℃）	不超过5，冰封期不超过3
7	总大肠菌群	不超过5 000个/升（贝类养殖水质不超过500个/升）
8	汞	≤0.000 5
9	镉	≤0.005
10	铅	≤0.05
11	铬	≤0.1
12	铜	≤0.01

续表

项目序号	项目	标准值
13	锌	≤0.1
14	镍	≤0.05
15	砷	≤0.05
16	氰化物	≤0.005
17	硫化物	≤0.2
18	氟化物（以F^-计）	≤1
19	非离子氨	≤0.02
20	凯氏氮	≤0.05
21	挥发性酚	≤0.005
22	黄磷	≤0.001
23	石油类	≤0.05
24	丙烯腈	≤0.5
25	丙烯醛	≤0.02
26	六六六（丙体）	≤0.002
27	滴滴涕	≤0.001

（三）小龙虾养殖渔业水质保护

1.采取措施，保证水质 任何企、事业单位和个体经营者排放的工业废水、生活污水和有害废弃物，必须采取有效措施，保证最近渔业水域的水质符合本标准。

2.不得向养殖区排放废水、废物 未经处理的工业废水、生活污水和有害废弃物严禁直接排入鱼、虾、蟹类的产卵场、索饵场、越冬场和鱼、虾、蟹、贝、藻类的养殖场及珍贵水生动物保护区。

3.严禁向渔业水域排放含病原体的污水 如需排放此类污水，必须经过处理和严格消毒。

（四）调节水质

水是小龙虾赖以生存的环境，也是疾病发生和传播的重要途径，因此水质的好坏直接关系到小龙虾的生长。在小龙虾整个养殖过程中水质调节非常重要。

1.定期泼洒生石灰　每15～20天每亩水深1米用10～15千克生石灰化水全沟均匀泼洒，调节水的酸碱度，增加水体钙离子浓度，供给小龙虾吸收。

2. 应加强水质管理　夏季水温高，水质极易败坏，可加深水位，保持田面正常水位超过30厘米以上。

3.适时加水、换水　随着水温升高，视田间沟水草长势，每10～15天加注新水10～15厘米，早期切忌一次加水过多。高温季节每天加水或换水一次，形成微水流，促进小龙虾蜕壳。另外如果遇到恶劣天气，水质变化时，要加大换水量。

二、肥水培藻

（一）肥水培藻的重要性

肥水培藻是小龙虾养殖中的一个新话题，实际上就是在放苗前通过施基肥让水肥起来，同时用来培育有益藻相，这在以前的小龙虾养殖中并没有被引起重视。但是随着小龙虾养殖技术的日益发展，人们越来越重视这个问题了，认为肥水培藻是小龙虾养殖过程中的一个重要环节，这个环节做得好坏不仅关系到虾苗、虾种的成活率和健康状况，而且还关系到养殖过程中小龙虾的抗应激和抗病害的能力，更关系到养殖产量乃至养殖成败。

肥水就是通过向稻田里施加基肥的方法来培育良好的藻相。良好的藻相具有三个方面的作用。一是良好的藻相能有效地起到解毒、净水的作用，主要是有益藻群能吸收水体环境中的有害物质，起到净化水体的效果；二是有益藻群可以通过光合作用，吸收水体内的二氧化碳，同时向水体里释放出大量的溶解氧，据测试，水体中70%左右的氧是有益藻类和水草产生的；三是有益藻类自身或者是以有益藻类为食的浮游动物，它们都是虾苗、虾种喜食的天然优质饵料。

生产实践表明，水质和藻相的好坏，会直接关系到小龙虾对生存环境的应激反应。例如小龙虾生活在水质爽活、藻相稳定的水体中，水体里面的溶解氧和pH值通常是正常稳定的，而且在检测时，会发现水体中的氨氮、硫化氢、亚硝酸盐、甲烷、重金属等一般不会超标，小龙虾在这种环境里才能健康生长。反之，如果水体里的水质条件差，藻相不稳定，那么水中有毒有害的物质就会明显增加，同时水体中的溶解氧偏低，pH值不稳定，直接导致小龙虾容易应激生病。

（二）培育优良的水质和藻相的方法

培育优良的水质和藻相的关键是施足基肥，如果基肥不施足，肥力就不够，营养供不上，藻相活力弱，新陈代谢的功能低下，水质容易清瘦，不利于虾苗、虾种的健康生长，当然小龙虾也就养不好。

现在市场上对于小龙虾养殖时培育水质的肥料都是生物肥或有机肥或专用培藻膏，各个生产厂家的肥料名称各异，但是培肥的效果却有很大差别。例如：可采用1包酵素钙肥+1桶六抗培藻膏+1包特力钙混合加水后，全田泼洒，可泼洒15～20亩。2天后，用粉剂活菌王来稳定水色，具体使用量为1包可肥水1～2亩（图5–2）。

图 5-2　肥水用的肥水膏

勤施追肥、保住水色是培育优良水质和藻相的重要技巧，可在投种后一个月的时间里勤施追肥，追肥可使用市售的专用肥水膏和培藻膏。具体用量和用法是前10天，每3～5天追一次肥，后20天每7～10天追一次肥，在施肥时讲究少量多次的原则。这样做既可保证藻相营养的供给，也可避免过量施肥造成浪费，或者导致施肥太猛,水质过浓，不便管理。在生产上，追肥通常采用六抗培藻膏或藻幸福追肥，六抗培藻膏每桶施8～10亩，藻幸福每桶施6～8亩，然后用黑金神和粉剂活菌王维持水色，用量为1包黑金神配2包粉剂活菌王浸泡后施8～10亩。

（三）肥水培藻的难点和对策

我们在为养殖户进行“科技入户”服务时，在指导他们运用施基肥来肥水培藻时，经常会遇到稻田里肥水困难或根本水就肥不起来的麻烦事，尤其是在春节前后更难培肥。经过认真的分析、比较、研究和判断后，我们总结了11种极易导致肥水培藻效果不佳的情况。

1.低温寡照时的肥水培藻　在低温寡照时，肥水培藻效果不好。这种情况主要发生在早春时节，在小龙虾养殖刚刚开始进入生产期的时候通常会发生。由于气温低，田间沟里的水温低，加上早春的自然光照弱，几种因素叠加在一起，共同起作用时，导致稻田里的水体中有机质缺乏，会对肥水培藻产生不利影响。而大多数养殖户只知道看表面现象，并不会究其根源，看到池水还是不肥，就一味地盲目施肥，甚至施猛肥、施大肥，直接将大量的鸡粪施在稻田里，当然不会有太明显的效果。而更严重的是大量的鸡粪施入稻田里，容易导致养殖中后期塘底产生大量的泥皮、青苔、丝状藻，从而引发稻田的水质出问题、底质出问题，最终导致小龙虾病害横行。

田间沟里水温太低时施肥效果不明显，已经成为一个共识。除了上述的原因外，还有两方面的原因，一方面，当水温太低时，藻类的活性受到抑制，它们的生长发育也受到抑制，这时候如果采用单一无机肥或有机无机复混肥来肥水培藻，一般来说都不会有太明显的效果。另一方面，在水温太低时，稻田里刚施放进去的肥料养分易受絮凝作用，向下沉入沟底，由于底泥中刚刚被清淤消毒过，底层中的有机质缺乏，导致这些刚刚到达底层中的养分易渗漏流失，有的养分结晶于底泥中，水表层的藻类很难吸收到养分，所以肥水培藻很困难。

采取的对策：

（1）解毒：用生产厂家的净水药剂来解毒，使用量可参照说明书，在早期低温时可适当加大用量10%，常见的有净水王等，参考用量为每瓶3～5亩。

（2）及时施足基肥：在解毒后第二天就可以施基肥了，这时的基肥与常规的农家肥是有区别的，它是一种速效的生化肥料，1包酵素钙肥和2瓶藻激活配1桶六抗培藻膏施5~8亩，也可以配合使用其他生产厂家的相应肥料。

（3）勤施追肥：在肥水3天后，就开始施用追肥，由于水温低，肥水难度大，用常规的施肥养鱼技术来肥水很难见效。这时的施肥是专用的生化追肥，可参考各生产厂家的药品和用量。这里举一个市场上常使用的配方，1包卓越黑金神和2瓶藻激活配合1桶藻幸福或者1桶六抗培藻膏施。

值得注意的是，采用这种技术来施肥，虽然成本略高，但肥水和稳定水色的效果明显，有利于早期小龙虾的健康养殖，为将来的养殖生产打下坚实的基础。

2.重金属含量超标时的肥水培藻　水体中的常规重金属含量超标，影响肥水效果，超标可以通过水质测试剂检测出来。过多的重金属可以与肥料中的养分结合并沉积在池底，从而造成肥水培藻的效果不好。

采取的对策：

（1）立即解毒：用生产厂家的净水药剂来解毒。

（2）施足基肥：在解毒后第二天就可以施基肥了，可以配合使用生产厂家的相应专用生化肥料，具体的使用配方可请教相关技术人员。

（3）勤施追肥：在肥水3天后开始施用追肥，追施专用的生化追肥，可参考各生产厂家的药品和用量。

3.亚硝酸盐偏高时的肥水培藻　水体里的亚硝酸盐偏高，会影响肥水培藻的效果（图5–3），可以用水质测试仪快速测定出来，测试简单方便。

图 5-3　亚硝酸盐偏高时培肥效果

采取的对策：

（1）立即降低水体里亚硝酸盐的含量，既可用化学药剂快速下降，也可配合用生物制剂一起来降低亚硝酸盐含量。这里举一个目前常用的药物及用法，可用亚硝快克配合六抗培藻膏降亚硝酸盐含量，方法是将亚硝快克与六抗培藻膏加10倍水混合浸泡3小时左右全池泼洒，每亩水面1米水深将亚硝快克1包加六抗培藻膏1千克使用。

（2）施基肥：在施用降亚硝酸盐含量药物的第二天开始施加基肥，也是用的生化肥料。5～8亩用1包酵素钙肥和2瓶藻激活加1桶六抗培藻膏加水混合全池均匀泼洒。

（3）追施肥：用基肥肥水3～4天后开始施追肥，可参考各地市上可售的肥料，例如用卓越黑金神浸泡后配合藻激活、藻幸福或者六抗培藻膏追肥并稳定水色。

4.pH值过高或过低时的肥水培藻 当稻田里的pH值过高或过低时，也会影响水体肥水培藻效果。

采取的对策：

（1）调整pH值：当pH值偏高时，用生化产品将pH值及时降下来。例如可按6～8亩计算施用药品，将六抗培藻膏1桶、净水王2瓶、红糖2.5千克混在一起降pH值；当pH值偏低时，直接用生石灰兑水后趁热全池泼洒来调高pH值，石灰的用量根据pH值的情况酌情而定，一般用量为8～15千克/亩。待pH值调至7.8以下，施基肥和追施肥。

（2）施足基肥：待pH值调至7.8以下（最好在7.5时）施基肥，也是用生化肥料，按5～8亩将1包酵素钙肥和2瓶藻激活配1桶六抗培藻膏使用，也可以配合使用其他生产厂家的相应肥料。

（3）勤施追肥：在肥水3天后，就开始施用生化追肥，可参考各生产厂家的药品和用量。这里举一个市场上常使用的配方，按8～10亩将1包卓越黑金神和2瓶藻激活配合1桶藻幸福或者1桶六抗培藻膏追肥。

5.药残留量过大时的肥水培藻 在向稻田里施加的药物如杀虫药、消毒药等的残留量过大，影响肥水效果。

这是在早期对稻田尤其是田间沟进行消毒时，消毒的药剂量过大，造成田间沟里的毒性虽然换水两三次了，但是仍然有一定的残余，这时肥水就会影响消毒效果。

采取的对策：

（1）暴晒：如果发现稻田里还有残余药物时，就要排干田间沟里的水，再适当延长暴晒时间，一般为一周左右，然后再进水。

（2）及时解毒：可用各种市售的鱼塘专用解毒剂来进行解毒，用量和用法请参考说明书。

（3）及时施用基肥和施用追肥：使用方法均同低温寡照时的肥水培藻的追肥方法。

6.用深井水做水源时的肥水培藻 由于水源的进排水系统并不完

善，造成了水源已经受到了一定程度的污染，许多养殖户就自己打了自备深进水作为养殖水源。这种深井水虽然避免了养殖区里的相互交叉感染，但是这种水源一方面缺少氧气，另一方面对肥水培藻也有一定的影响。

采取的对策：

（1）曝气增氧：在稻田进水后，开启增氧机曝气3天，以增加稻田水体里的溶解氧。

（2）解除重金属：用特定的药品来解除重金属，用量和用法参考使用说明书。例如可用净水王解除重金属，每瓶2～3亩。

（3）引进新水：在解除重金属3小时后，引进5厘米的含藻新水。

（4）及时施用基肥和施用追肥：使用方法均同低温寡照时的肥水培藻的追肥方法。

7.水源受污染时的肥水效果　如果在养虾过程中引用水源不当，主要是引用了已经受污染的水源，直接影响肥水效果。

这种情况主要发生在两种地方，一种是靠近工业区的稻田，附近的水源已经被工业排出的废水污染了；另一种是在高产养殖区，由于用水是共同的途径，有的养殖户不小心或者是无意间将其他稻田里的养殖水源直接排进了进水渠道，结果导致养殖小区里相互污染。

采取的对策：

（1）解毒：用特定的药品来解毒，用量和用法参考使用说明书。

（2）引进新水：在解毒3小时后，引进5厘米的含藻新水。

（3）及时施用基肥和施用追肥：使用方法均同前文。

8.田间沟底质老化的肥水培藻　田间沟底部的矿物质和微量元素缺乏，影响肥水效果。这种情况主要发生在常年养殖而且没有很好地清淤修整的田间沟，导致田间沟里的底质老化，有利于藻类生长发育的矿物质和微量元素缺乏，而对藻类生长有抑制作用的矿物质却大量存在，当然肥水效果就不好（图5–4）。

采取的对策：

（1）解毒：用特定的药品来解毒，用量和用法参考使用说明书。例如可用解毒超爽或净水王解毒，每瓶施3～4亩。

（2）及时施用基肥和施用追肥：使用方法均同前文。

图 5-4　田间沟底质老化的培肥

9.稻田混浊时的肥水培藻　稻田混浊尤其是田间沟里的水体混浊，会影响肥水培藻的效果。这种情况发生的原因很多，发生的季节和时间也很多，尤其是在大雨后的初夏时节更易发生。主要表现是田间沟里的水严重混浊，水体中的有益藻类严重缺乏，这时候施肥几乎没有效果。

采取的对策：

（1）解毒：用特定的药品来解毒，用量和用法参考使用说明书。

（2）引进新水：在解毒3小时后，引进5厘米的含藻新水。

（3）及时施用基肥和施用追肥：使用方法均同前文。

值得注意的是，发生这种情况时，最好在晴天的上午10时左右施肥。

10.青苔影响肥水培藻效果　稻田里有青苔、泥皮、丝状藻时，影响肥水效果。这种情况几乎发生在小龙虾的整个生长期，尤其是以早春的青苔和初秋的泥皮最为严重（图5-5）。

图 5-5　有青苔的稻田培肥效果不好

采取的对策：

（1）灭青苔、泥皮、丝状藻：如果发现稻田里的青苔和丝状藻太多，这时可先人工捞干净，然后再采取生化药品来处理，既安全，效果又明显。不要直接用硫酸铜等化学药品来消除青苔和丝状藻，这是因为化学物品虽然对青苔、丝状藻及泥皮效果明显，但是对虾苗、虾种会产生严重的药害。另外硫酸铜等化学物品对肥水不利，也对已栽的水草不利，故不宜采用。生化物品的用量和用法参考使用说明书，各地均有销售。这里介绍使用较多的一例，仅供参考：先将黑金神配合粉剂活菌王加藻健康（无须加红糖）混合浸泡3～12小时后全池均匀泼洒，生化药品的用量是1包黑金神加2包粉剂活菌王，可用3～5亩的水面。

（2）及时施用基肥和施用追肥：使用方法均同前文。

11.新开挖的稻田里肥水培藻效果不理想　这种情况发生在刚刚开挖还没有养殖的新稻田里，由于是刚开挖的稻田，田间沟的底部基本上是一片黄土或白板泥，没有任何淤泥，水体中少有藻类和有机质，因此用常规的方法和剂量来肥水培藻效果肯定不理想（图5-6）。

图 5-6　新开挖的稻田难培肥

采取的对策：

（1）引进藻源：引进3～5厘米的含藻种的水源，也可以直接购买市售的藻种，经过活化后投放到稻田里，用量可增加10%左右。

（2）促进有益藻群的生长：可泼洒特定的生化药品来促进有益藻群的生长，用量和用法参考使用说明。这里介绍一例，仅供参考。可以泼洒卓越黑金神和粉剂活菌王，用法是黑金神1包、粉剂活菌王2包、藻健康1包，加水混合浸泡，可以泼洒3～5亩。

（3）及时施用基肥和施用追肥：使用方法均同前文。

现在在小龙虾养殖上，大家基本上都重视了肥水培藻的环节，这是因为只有肥水培藻的工作做好了，才能有效地提高虾苗、虾种的成活率，保障养殖产量和效益。

技巧六 养护底质是成功养虾的重点

一、底质对小龙虾生长和疾病的影响

要想养好一池“肥、活、嫩、爽”的优良水，必先培出优良的藻相和健壮的水草。而要想水质优良和保持藻相稳定，稻田底质的改良和养护非常重要。

小龙虾是典型的底栖类生活习性，它们的生活生长都离不开底质，因此底质的优良与否会直接影响小龙虾的活动能力，从而影响它们的生长、发育，甚至影响它们的生命，进而影响养殖产量与养殖效益。

底质往往是各种有机物的集聚之所，这些底质中的有机质在水温升高后会慢慢地分解。在分解过程中，它一方面会消耗水体中大量的溶解氧来满足分解作用的进行；另一方面，在有机质分解后，往往会产生各种有毒物质，如硫化氢、亚硝酸盐等，导致小龙虾因为不适应这种环境而频繁地上岸或爬上草头，轻者会影响它们的生长蜕壳，造成上市小龙虾的规格普遍偏小，价格偏低，养殖效益也会降低，严重的则会导致稻田里缺氧，甚至小龙虾中毒死亡（图6-1）。

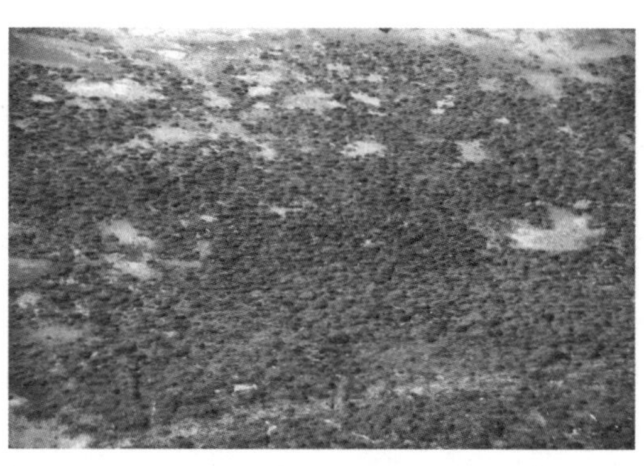
图6-1　不良底质会直接影响小龙虾的生长

底质在小龙虾养殖中还有一个重要的影响就是会改变它们的体色，从而影响出售时的卖相，而在淤泥较多的黑色底质中养出的小龙虾，常常一眼就能看出是“铁壳虾”等，它们的具体特征就是甲壳灰黑坚硬，里面的出肉率极少而且肉松味淡，市场售价非常低（图6–2）。

图 6-2　铁壳虾

二、底质不佳的原因

田间沟底部变黑发臭的原因，主要有以下几点：

1.清沟不彻底　在对田间沟清整时不彻底，过多的淤泥没有及时清理出去，造成底泥中的有机物过多，这是底质变黑的主要原因之一（图6-3）。

图6-3　清沟不彻底会导致底质不佳

2.田间沟的设计不科学　一些养殖小龙虾的稻田，在开挖田间沟时的设计不合理，开挖不科学，水体较深，上下水体形成了明显的隔离层，造成田间沟的底部长期缺氧，从而导致一些嫌气性细菌大量繁殖，水体氧化能力差，水体中有毒有害物质增多，底质恶化，造成底部有臭气。

3.投饵不讲究　一方面是一些养殖户投饵不科学，饲料利用率较低，长期投喂过量的或蛋白质含量过高的饲料，这些过量的饲料并没有被小龙虾及时摄食利用，因而沉积在底泥中；另一方面就是小龙虾新陈代谢产生的大量粪便也沉积在底泥中，为病原微生物的生长繁殖提供条件，在消耗池水中大量氧气的同时，还分解释放出大量的硫化氢、沼气、氨气等有毒有害物质，使底质恶臭。

4.用药不恰当 在养殖过程中，随着水产养殖密度的不断增大，以消耗大量高蛋白饲料及污染稻田自身和周边环境为代价来维持生产的养殖模式，破坏了稻田里原有的生态平衡。加上养殖户为了防治虾病，大量使用杀虫剂、消毒剂、抗生素等药物，甚至农药鱼用，并且用药剂量越来越高。这样，在养殖过程中，养殖残饵、粪便、死亡动物尸体和杀虫剂、消毒剂、抗生素等化学物在田间沟的底部沉淀，形成黑色污泥。污泥中含有丰富的有机质，厌氧微生物占主导地位，严重破坏了底质的微生态环境，导致各种有毒有害物质恶化底质，从而危害小龙虾。还有一些养殖户并不遵循科学养殖的原理，用药不当，破坏了水体的自净能力，经常使用一些化学物质或聚合类药物，例如大量使用沸石粉、木炭等吸附性物质为主的净水剂，这些药物在絮凝作用的影响下沉积于底泥中，从而造成池底变黑发臭（图6-4）。

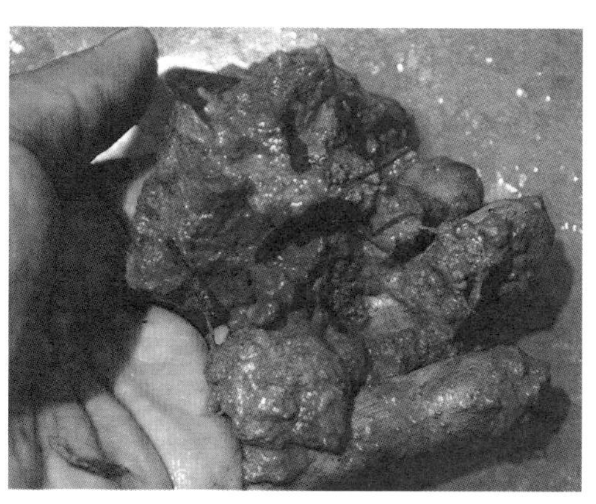

图6-4 较差的底质

5.青苔影响底质 在养殖前期，由于青苔较多，许多养殖户会大量使用药物来杀灭青苔，这些死亡后的青苔并没有被及时清理或消解，而是沉积于稻田的底泥中（图6-5）；另外在养殖中期，小龙虾会不断地夹断水草，这些水草除了部分漂

图6-5 青苔会影响底质

浮于水面之外，还有一部分和青苔及其他水生生物的尸体一起沉积于底泥中，随着水温的升高，这些东西会慢慢地腐烂，从而加速底质变黑发臭（图6–6）。

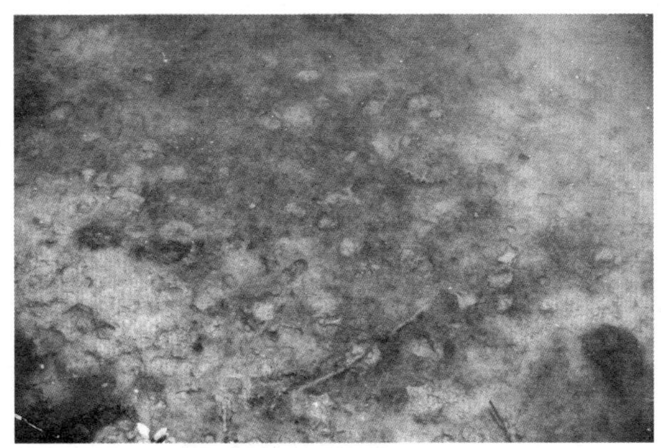

图 6-6　青苔沉到沟底会对水质和底质造成严重影响

三、底质与疾病的关联

在淤泥较多的田间沟中，有机质的氧化分解会消耗掉底层本来并不多的氧气，造成底部处于缺氧状态，形成所谓的“氧债”。在缺氧条件下，嫌气性细菌大量繁殖，分解田间沟底部的有机物质而产生大量有毒的中间产物，如氨气、二氧化氮、硫化氢、有机酸、低级胺类、硫醇等。这些物质大都对小龙虾有着很大的毒害作用，并且会在水中不断积累，轻则会影响小龙虾的生长，饵料系数增大，养殖成本升高。重则会提高小龙虾对细菌性疾病的易感性，导致小龙虾中毒死亡。

另外，当底质恶化，有害菌会大量繁殖，水中有害菌的数量达到一定峰值时，小龙虾就可能发病。如甲壳的溃烂病、肠炎病等。

四、科学改底的方法

1. 用微生物或益生菌改底　提倡采用微生物或益生菌来进行底质改良，达到养底护底的效果。充分利用复合微生物中的各种有益菌（图 6-7），发挥它们的协同作用，将残饵、排泄物、动植物尸体等影响底质变坏的隐患及时分解消除，可以有效地养护底质和水质，同时还能有效地控制病原微生物的蔓延扩散。

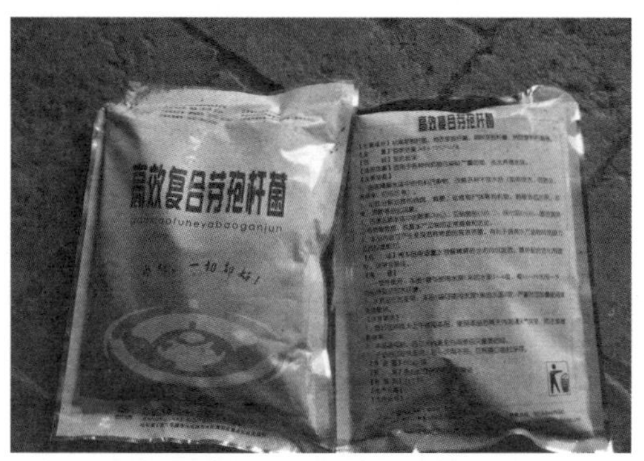

图 6-7　改底用的益生菌

2. 快速改底　快速改底可以使用一些化学产品混合而成的底改产品。但是从长远的角度来看，还是尽量不用或少用化学改底产品，建议使用微生物制剂的改底产品，通过有益菌如光合细菌、芽孢杆菌等的作用来达到底改的目的（图 6-8）。

图 6-8　自己培育的光合细菌用于快速改底

3.间接改底 在小龙虾养殖过程中，一定要做好间接护底的工作，可以在饲料中长期添加益生菌等微生物制剂，因为这些微生物制剂是根据动物正常的肠胃菌群配制而成，利用益生菌代谢的生物酶补充小龙虾体内内源酶的不足，促进饲料营养的吸收转化，降低粪便中有害物质的含量，排出来的芽孢杆菌又能净水，达到水体稳定、及时降解的目的，全方位改良底质和水质。所以不仅能降低小龙虾的饵料系数，还能从源头上解决小龙虾排泄物对底质和水质的污染，节约养殖成本。

4.采用生物肥培养有益藻类 定向培养有益藻类，适当施肥并防止水体老化。在利用稻田养殖小龙虾时不怕“水肥”，而是怕“水老”，因为“水老”藻类才会死亡，才会出现“水变”，水肥不一定“水老”。可以定期使用优质高效的水产专用肥来保证肥水效率，如“生物肥水宝”“新肽肥”等。这些肥水产品都能被藻类及水产动物吸收利用，不污染底质。

5.对瘦底稻田的改底 底瘦的稻田尤其是田间沟通常是新开挖的田间沟或清淤翻晒过的田间沟，田间沟的底部有机质少，微生态环境脆弱，不利于微生物的生长繁殖。

（1）底瘦、水瘦的稻田：藻类数量少，饵料生物缺乏，溶解氧量往往比较低，水体易出现混浊或清水。针对这种情况，如果大量浮游动物出现，局部杀点浮游动物。可施EM菌，补充底部和水体的营养物质，调节底部菌群平衡，建立有利于水质的微生物群落。混浊的水体，应先用净水产品来处理，并在肥水同时连续使用增氧产品2～3晚，保证肥水过程中水体溶氧充足。

（2）底瘦、水肥的稻田：活物饵料丰富，藻类数量多，水体的溶氧丰富。底部供应的营养不足，这样的水质难以维持，容易出现倒藻。可施用有机肥来补充底肥，并加EM菌补充底部营养和有益菌群的数量，以促使底层为良性。

6.对肥底稻田的改底

（1）底肥、水肥的稻田：水体黏稠物质多，自净能力差，田间沟的底层溶解氧不足，底泥发臭。先使用净水产品净化水质或开增氧机，提高底泥的氧化还原电位。促进有益菌的繁殖，水肥的稻田要防止盲目用药，改用降解型底质改良剂代替吸附性底质改良剂。可施用EM菌和物类的底改产品定向培养有益藻类，防止水体老化。

（2）底肥、水瘦的稻田：水体营养不足，藻类生长受限制，水体溶解氧量低，底层易出现“氧债”，敌害微生物易繁殖。这种情况，需要底层冲气，提高底泥的氧化还原电位，可施EM菌来促进有益菌的生长繁殖，同时施净水产品调节水质，降解水体中的毒素，提供丰富的营养，培养有益藻类。防止盲目使用杀虫剂、消毒剂。

五、养虾中后期底质的养护与改良

小龙虾养到中后期，投喂量逐步增加，吃得多，拉得也多，因此，小龙虾排泄物越来越多，加上多种动植物的尸体累加沉积在田间沟的底部，田底的负荷逐渐加大。如果不及时采取有效的措施处理这些有机物，会造成田间沟的底部严重缺氧，这是因为这些有机质的腐烂至少要耗掉总溶氧的50%以上，在厌氧菌的作用下，就容易发生底部泛酸、发热、发臭，滋生致病源，从而造成小龙虾爬到边上、草头等应激反应。另外，在这种恶劣的底部环境下，一些致病菌特别是弧菌容易大量繁殖，从而导致小龙虾的活力减弱，免疫力下降，这些底部的细菌和病毒交叉感染，使小龙虾容易暴发细菌性与病毒性并发症疾病，最常见的是会发生黑鳃、烂鳃等病症。这些危害的后果非常严重，应引起养殖户的高度重视。

图6-9 养虾期间常用的改良底质用品

因此，在小龙虾养殖一个月后，就要开始对田间沟的底质做一些清理隐患的工作。所谓隐患，是指剩余饲料、粪便、动植物尸体中残余的营养成分。消除的方法是使用针对残余营养成分中的蛋白质、氨基酸、脂肪、淀粉等进行培养驯化的具有超强分解能力的复合微生物底改与活菌制剂，如一些市售的底改王、水底双改、黑金神、底改净、灵活100、新活菌王、粉剂活菌王等（图6–9），既可避免底质腐败产生很多有害物质，还可抑制病原菌的生长繁殖。同时还可以将这些有害物质转化成水草、藻类的营养盐供藻类吸收，促进水草、藻类的生长，从而起到增强藻相新陈代谢的活力和产氧能力，稳定正常的pH值和溶解氧。实践证明，采取上述措施处理行之有效。

一般情况下，田间沟里的溶氧量在凌晨1时至早晨6时是最少的时候，这时不能用药来改底；在气压低、闷热无风天的时候，即使在白天泼洒药物，也要防止小龙虾应激反应和稻田里缺氧。如果没有特别问题，建议在这种天气不要改底，而在晴天中午改底效果比较好，能从源头上解决稻田尤其是田间沟里溶解氧低下的问题，增强水体的活性。中后期改底每7～10天进行1次，在高温天气（水温超过30℃）每5天1次，但是改底产品的用量稍减，也就是掌握少量多次的原则。这是因为沟底水温偏高时，底部有机物的腐烂要比平时快2～3倍，所以改底的次数相应地要增加。

六、关于改底产品的忠告

关于底改产品的选用，现在市场上销售的同类产品或同名产品实在太多，养殖户要做理性的选择，不要被概念的炒作所迷惑。例如有些生产厂家打出了“增氧型改底”“清凉型改底”的改底产品，其实这类改底大多是以低质滑石粉为材料做成的吸附型产品，用户只是凭表面直观的感觉判断其作用效果。用了这类产品后，表面看起来水体中的悬浮颗粒少了，水清爽了一些，殊不知这些悬浮颗粒被吸附沉积到沟底，就会加重沟底的“负荷”，一旦沟底“超载”，底质就会恶化。加上这些颗粒状的改底产品，沉入塘底后需要消耗大量的氧气来溶散，所以从本质上讲，这类产品使用后不仅增氧效果不明显，反而还会降低底部溶解氧，这就是为什么这些改底用得越多，黑鳃、肝脏坏死等症状不仅得不到控制，反而会越来越严重的最主要原因。

技巧七 种植水草是成功养虾的要点

一、水草的作用

在小龙虾的养殖中，水草的多少，对养虾成败非常重要，这是因为水草为小龙虾的生长发育提供极为有利的生态环境，提高苗种成活率和捕捞率，降低了生产成本，对小龙虾稻田养殖起着重要的增产增效的作用。据我们对稻田养殖小龙虾养殖户的调查表明，在稻田的田间沟和环形沟中种植水草的产量比没有水草的产量增产37%左右，规格增大2～3.5克/只，亩效益增加50～90元，因此种草养虾显得尤为重要。

水草在小龙虾养殖中的作用具体表现在以下几点。

（一）模拟生态环境

小龙虾的自然生态环境离不开水草，渔谚有："虾多少、看水草""虾大小，看水草"，说的就是水草的多寡直接影响小龙虾的生长速度和肥满程度；在稻田的虾沟中种植水草可以模拟和营造生态环境，使小龙虾产生"家"的感觉，有利于小龙虾快速适应环境和快速生长（图7–1）。

图 7–1　水草模拟小龙虾"家"的感觉

（二）提供丰富的天然饵料

水草营养丰富，富含蛋白质、粗纤维、脂肪、矿物质和维生素等小龙虾需要的营养物质。稻田中的水草一方面为小龙虾生长提供了大量的天然优质的植物性饵料，可以在一定程度上弥补人工饲料不足，降低生产成本。水草中含有大量活性物质，小龙虾经常食用水草，能够帮助消化，促进胃肠功能的健康运转。另外，小龙虾喜食的水草还具有鲜、嫩、脆的特点，便于取食，具有很强的适口性。同时水草多的地方，赖以生存的各种水生小动物、昆虫、小鱼、小虾，软体动物的螺、蚌及底栖生物等也随之增加，为小龙虾觅食生长提供了丰富的动物性饵料源。

（三）净化水质

小龙虾喜欢在水草丰富、水质清新的环境中生活，水草通过光合作用，能有效地吸收稻田中的二氧化碳、硫化氢和其他无机盐类，降低水中氨氮，起到增加溶氧、净化、改善水质的作用，使水质保持新鲜、清爽，有利于小龙虾快速生长，为小龙虾提供生长发育的适宜生活环境。另外，水草对水体的pH值也有一定的稳定作用。

（四）隐蔽藏身

小龙虾蜕壳时，喜欢在水位较浅、水体安静的地方进行，在稻田的虾沟中种植水草，形成水底森林，正好能满足小龙虾这一生长特性，因此它们常常攀附在水草上，丰富的水草形成了一个水下森林，既为小龙虾提供安静的环境，又有利于小龙虾缩短蜕壳时间，减少体能消耗，提高成活率。同时，小龙虾蜕壳后成为“软壳虾”，此时缺乏抵御能力，极易遭受敌害侵袭，水草可起隐蔽作用，使其同类及老鼠、水蛇等敌害不易发现，减少敌害侵袭而造成的损失（图7–2）。

图7–2 水草为小龙虾提供隐蔽的场所

（五）提供攀附

小龙虾有攀爬习性，尤其是阴雨天，只要在养虾稻田中仔细观察，可见到水体中的水葫芦、水花生等的根茎部爬满了小龙虾，它们将头露出水面进行呼吸，可以说水体中的水草为小龙虾提供了呼吸攀附物。另外，水草还可以供小龙虾蜕壳时攀缘附着、固定身体，缩短蜕壳时间，减少体力消耗。

（六）调节水温

养虾稻田中最适应小龙虾生长的水温是20～30℃，当水温低于20℃或高于30℃时，都会使小龙虾的活动量减少，摄食欲望下降。如果水温进一步变化，小龙虾多数会进入洞穴中穴居，影响它的快速生长。在虾沟中种植水草，在冬天可以防风避寒，在炎热夏季水草可为小龙虾提供一个凉爽安定的隐蔽、遮阴、歇凉的生长空间，能遮住阳光直射，可以控制虾沟内水温的急剧升高，使小龙虾在高温季节也可正常摄食、蜕壳、生长，对提高小龙虾成品的规格起着重要作用。

（七）有助于防治疾病

科学研究表明，多种水草具有较好的药理作用，例如喜旱莲子草（即水花生）能较好地抑制细菌和病毒，小龙虾在轻微得病后，可以自行觅食，自我治疗，效果很好。

（八）提高小龙虾成活率

水草可以扩展立体空间，一方面有利于疏散小龙虾密度，防止和减少局部小龙虾密度过大而发生格斗和残食现象，避免不必要的伤亡；另一方面水草易使水体保持清新，增加水体透明度，稳定pH值使水体保持中性偏碱，有利于小龙虾的蜕壳生长，提高小龙虾的成活率。

（九）提高成虾品质

小龙虾平时在水草上攀爬摄食。一方面，虾体易受阳光照射，有利于钙质的吸引沉积，促进蜕壳生长。另一方面，水草特别是优质水草，能促进小龙虾的体表的颜色与之相适应，提高品质。再一个方面，就是小龙虾常在水草上活动，能避免它长时间在洞穴中栖居，使小龙虾的体色更光亮，更洁净，更有市场竞争力。

（十）有效防逃

在水草较多的地方，常常富积大量的小龙虾喜食的鱼、虾、贝、藻等鲜活饵料，使它们产生安全舒适的家的感觉，一般很少逃逸。因此，虾沟内种植丰富优质的水草，是防止小龙虾逃跑的有效措施。

（十一）消浪护坡

在稻田的虾沟内侧种植水草时，还具有消浪护坡、防止田埂坍塌的作用。

二、水草的种类和种植

一般用于养鱼、养虾的水草种类很多，分布也较广，在养虾稻田中，适合小龙虾需要的种类主要有苦草、轮叶黑藻、金鱼藻、水花生、浮萍、伊乐藻、眼子菜、青萍、槐叶萍、满江红、箦藻、水车前、空心菜等。下面简要介绍几种常用水草的特性。

（一）伊乐藻

1.伊乐藻的优点 伊乐藻是从日本引进的一种水草，原产于美洲，是一种优质、速生、高产的沉水植物（图7–3）。伊乐藻的优点是发芽早，长势快。它的叶片较小，不耐高温，只要水面无冰即可栽培，水温5℃以上即可萌发，10℃即开始生长，15℃时生长速度快，当水温达30℃以上时，生长明显减弱，藻叶发黄，部分植株顶端会发生枯萎。在寒冷的冬季能以营养体越冬，在早期其他水草还没有长起来的时候，只有它能够为小龙虾生长、栖息、蜕壳和避敌提供理想场所。伊乐藻植株鲜嫩，叶片柔嫩，适口性好，其营养价值明显高于苦草、轮叶黑藻，是小龙虾喜食的优质饲料，非常适应小龙虾的生长。小龙虾在水草

图7–3 伊乐藻

上部游动时，身体非常干净。伊乐藻具有鲜、嫩、脆的特点，是小龙虾优良的天然饲料。在长江流域通常以4～5月和10～11月生物量达到最高。

2.伊乐藻的缺点　伊乐藻的缺点是不耐高温，而且生长过于旺盛。当水温达到30℃时，基本停止生长，也容易臭水，因此这种水草的覆盖率应控制在20%以内，养殖户可以把它作为过渡性水草进行种植（图7–4）。

图 7–4　生长旺盛的伊乐藻

3.伊乐藻的种植和管理

（1）栽前准备。

1）清整虾沟：如果是养殖两年左右的稻田，需要将虾沟进行消毒清整，主要方法是排干沟内的水，每亩用生石灰150～200千克化水趁热全池泼洒，清野除杂，并让沟底充分冻晒半个月，同时做好虾沟的修复整理工作。如果是当年刚开挖的虾沟，只需要清理沟内塌陷的泥土就可以了。

2）注水施肥：栽培前5～7天，注水30厘米左右深，进水口用60目（目为非法定计量单位，表示每平方英寸上的孔数）筛绢进行过滤，每亩施腐熟粪肥300～500千克，既作为栽培伊乐藻的基肥，又可培肥水质。

（2）栽培时间。根据伊乐藻的生理特征及生产实践的需要，我们建议栽培时间宜在11月至翌年1月中旬。先抽干池水，让沟底充分冻晒一段时间，再用生石灰、茶籽饼等消毒后进行。

（3）栽培方法。

1）沉栽法：每亩用15～25千克的伊乐藻种株，将种株切成20～25厘米长的段，每4～5段为一束，在每束种株的基部粘上有一定黏度的软泥团，撒播于池中，泥团可以带动种株下沉着底，并能很快扎根在泥中。

2）插栽法：一般在冬春季进行，每亩的用量与处理方法同上，把切段后的草茎放在生根剂的稀释液中浸泡一下，然后像插秧一样插栽，一束束地插入有淤泥的池中，栽培时栽得宜少，但距离要拉大，株行距为1米×1.5米。插入泥中3~5厘米，泥上留15~20厘米，栽插初期保持水位以插入伊乐藻刚好没头为宜，待水草长满后逐步提高水位。如果把伊乐藻一把把地种在水里，会导致植株成团生长，由于小龙虾爱吃伊乐藻的根茎，小龙虾一夹就会断根漂浮而死亡，这一点很重要，在栽培时要注意防止这种现象的发生。

3）踩栽法：伊乐藻生命力较强，在稻田中种株着泥即可成活。每亩的用量与处理方法同上，把它们均匀撒在塘中，水位保持在5厘米左右，然后用脚轻轻踩一踩，让它们粘着泥就可以了，10天后加水。

图 7-5　栽培伊乐藻

图7-5所示为伊乐藻的栽培。

（4）管理。

1）水位调节：伊乐藻宜栽种在水位较浅处，栽种后10天就能生出新根和嫩芽，3月底就能形成优势种群。平时可按照逐渐增加水位的方法加深池水，至盛夏水位加至最深。一般情况下，可按照“春浅、夏满、秋适中”的原则调节水位。

2）投施肥料：在施好基肥的前提下，还应根据稻田的肥力情况适量追施肥料，以保持伊乐藻的生长优势。

3）控温：伊乐藻耐寒不耐热，高温天气会断根死亡，后期必须控制水温，以免伊乐藻死亡导致大面积水体被污染。

4）控高：伊乐藻有一个特性就是一旦露出水面，它会折断而导致死亡，破坏水质，因此不要让它疯长。方法是在5～6月不要将虾沟内的水位加得太高，应慢慢地控制在60～70厘米，当7月水温达到30℃致伊乐藻不再生长时，再把水位到加120厘米。

（二）苦草

1.苦草的特性 苦草又称为扁担草、面条草，是典型的沉水植物，高40~80 厘米（图7–6）。地下根茎横生。茎方形，被柔毛。叶纸质，卵形，对生，叶片长3～7厘米，宽2～4厘米，先端短尖，基部钝锯齿。苦草的种子呈棱形，长度约2毫米，直径约3毫米，种荚内的种子黑褐色，籽粒饱满。苦草喜温暖，耐荫蔽，对土壤要求不严，野生植株多生长在林下山坡、溪旁和沟边。含较多营养成分，具有很强的水质净化能力，在我国广泛分布于河流、湖泊等水域。分布区水深一般不超过2米，在透明度大、淤泥深厚、水流缓慢的水域，苦草生长良好。3～4月，水温升至15℃以上时，苦草的球茎或种子开始萌芽生长。在水温18～22℃时，经4～5天发芽，约15天出苗率可达98%以上。苦草在水底分布蔓延的速度很快，通常1株苦草1年可形成1～3平方米的群丛。6～7月是苦草分蘖生长的旺盛期，9月底至10月初达最大生物量，10月中旬以后分蘖逐渐停止，生长进入衰老期。

图7–6 苦草

2.苦草的优缺点 苦草的优点是小龙虾喜食、耐高温、不臭水；缺点是容易遭到破坏，如果不注意保护，破坏十分严重。有些以苦草为主的养殖水体，在高温期

图7–7 稻田里的苦草

不到一周苦草全部被小龙虾夹光，养殖户捞草都来不及（图7–7）。捞草不及时的水体，会出现水质恶化，有的水体发臭，出现“臭绿莎”，继而引发小龙虾大量死亡。

3.栽种前准备

（1）清整虾沟：如果是养殖两年左右的稻田，需要将虾沟进行消毒清整。主要方法是排干沟内的水，每亩用生石灰150 ~ 200千克化水趁热全池泼洒，清野除杂，并让沟底充分晾晒半个月，同时做好虾沟的修复整理工作。如果是当年刚开挖的虾沟，只需要清理沟内塌陷的泥土就可以了。

（2）注水施肥：栽培前5 ~ 7天，注水30厘米左右深，进水口用60目筛绢进行过滤，每亩施草皮泥、人畜粪尿与磷肥混合至1 000 ~ 1 500千克作基肥，和土壤充分拌匀待播种，既作为栽培苦草的基肥，又可培肥水质。

（3）草种选择：选用的苦草种应籽粒饱满、光泽度好，呈黑色或黑褐色，长度2毫米以上，最大直径不小于3毫米，以天然野生苦草的种子为好，可提高子一代的分蘖能力。

（4）浸种：选择晴朗天气晒种1 ~ 2天，播种前，用稻田里的清水浸种12小时。

4.栽种时间　有冬季种植和春季种植两种，冬季播种时常常用干播法，将苦草种子撒于沟底，并用专用耙将种子耙匀；春季种植时常常用湿播法，应用潮湿的泥团包裹草籽扔在虾沟底部即可。

5.栽种方法

（1）播种：播种期在 4月底至 5月上旬，当水温回升至15℃以上时播种，谷雨前后播种，种子发芽率高。播种过早，发芽率低；播种过迟，则种子发芽后易被小龙虾摄食，形不成群丛。用种量为15 ~ 30克／亩。播种前向沟中加新水3 ~ 5厘米深，最深不超过20厘米。选择晴天晒种1 ~ 2天，然后用水浸种12小时，捞出后搓出果荚内的种子。将种子与细土（按1：10）混合拌匀后即可撒播、条播或间播，下种后薄盖一层草皮泥，并盖草，淋水保湿以利于种子发芽。在正常温度18℃以上，播种后10 ~ 15 天即可发芽。幼苗出土后可揭去覆盖物。

（2）插条：选苦草的茎枝顶梢，具2～3节，长10～15厘米作插穗。在3～4月或7～8月按株行距20厘米×20厘米斜插。一般约一周即可长根，成活率达80%～90%。

（3）移栽：当苗具有两对真叶，高7～10厘米时移栽最好。定植密度株行距25厘米×30厘米或26厘米×33厘米。定植地每亩施基肥2 500千克，用草皮泥、人畜粪尿、钙镁磷混合混料最好。还可以采用水稻“抛秧法”将苦草秧抛在养虾水域（图7–8）。

图7–8　栽种苦草

6.管理

（1）水位控制：种植苦草时前期水位不宜太高，否则由于水压的作用，会使草籽漂浮起来而不能发芽生根。苦草在水底蔓延的速度很快，为促进苦草分蘖，抑制叶片营养生长。6月中旬以前，虾沟水位应控制在30厘米左右；6月下旬水位加至40厘米左右，此时苦草已基本达到要求；7月中旬水深加至60～80厘米；8月初可加至100～120厘米。

（2）密度控制：如果水草过密，要及时去头处理，以达到搅动水体、控制长势、减少缺氧的作用。

（3）肥度控制：分期追肥4～5次，生长前期每亩可施稀粪尿水500～800千克，后期可施氮、磷、钾复合肥或尿素。

（4）加强饲料投喂：当正常水温达到10℃以上时就要开始投喂一些配合饲料或动物性饲料，以防止苦草芽遭到破坏。

（5）捞出残草：经常把漂在水面的残草捞出池外，以免破坏水质，影响池底水草光合作用。

（三）轮叶黑藻

1.轮叶黑藻的特性　轮叶黑藻为多年生沉水植物，茎直立细长，长50～80厘米，叶带状披针形，广布于池塘、湖泊和水沟中（图

图 7-9 轮叶黑藻

7-9）。冬季为休眠期，水温10℃以上时，芽苞开始萌发生长，前端生长点顶出其上的沉积物，茎叶见光呈绿色，同时随着芽苞的伸长在基部叶腋处萌生出不定根，形成新的植株。待植株长成又可以断枝再植。轮叶黑藻既可移植也可播种，栽种方便，并且枝茎被小龙虾夹断后还能正常生根长成新植株，不会对水质造成不良影响。因此，轮叶黑藻是小龙虾养殖水域中极佳的水草种植品种。其特点是喜高温、生长期长、适应性好、再生能力强，小龙虾喜食。适合于光照充足的沟渠、池塘及大水面播种。轮叶黑藻被小龙虾夹断的每一枝节均能重新生根入土，故民间有轮叶黑藻节节生根之说。

2.轮叶黑藻优点 喜高温、生长期长、适应性好、再生能力强，适合于光照充足的稻田播种或栽种。轮叶黑藻被小龙虾夹断后能节节生根，生命力极强，不会破坏水质。

3.轮叶黑藻的种植和管理

（1）栽前准备。

1）清整虾沟：如果是养殖两年左右的稻田，需要对虾沟进行消毒清整，主要方法是排干沟内的水，每亩用生石灰150～200千克化水趁热全池泼洒，清野除杂，并让沟底充分晾晒半个月，同时做好虾沟的修复整理工作。如果是当年刚开挖的虾沟，只需要清理沟内塌陷的泥土就可以了。

2）注水施肥：栽培前5～7天，注水深30厘米左右，进水口用60目筛绢进行过滤，每亩施粪肥400 千克作基肥。

（2）栽培时间。大约在5月中旬为宜。

（3）栽培方法。

1）移栽：将虾沟留5厘米的淤泥，注水达8厘米左右。将轮叶黑藻的茎切成15～20厘米的小段，然后像插秧一样，将其均匀地插入泥中，株行距20厘米×30厘米。苗种应随取随栽，不宜久晒，一般每亩用种株50～70千克（图7–10）。

图7–10 栽培轮叶黑藻

2）枝尖插植：轮叶黑藻有须状不定根，在每年的4～8月处于营养生长阶段，枝尖插植3天后就能生根，形成新的植株。

3）营养体移栽繁殖：一般在谷雨前后，将虾沟内的水排干，留底泥10～15厘米，将长至15厘米的轮叶黑藻切成长8厘米左右的段节，每亩按30～50千克均匀泼洒，使茎节部分浸入泥中，再将虾沟内的水位加至15厘米深。约20天后全沟都覆盖着新生的轮叶黑藻，可将水位加至30厘米，以后逐步加深沟水，不使水草露出水面。

4）芽苞种植：每年的12月到翌年3月是轮叶黑藻芽苞的播种期，芽苞的制作方法很简单，播种前须用水浸种 3 ～ 5 天，然后洗尽种粒的附着外皮，形成芽苞。应选择晴天播种，播种前加注新水10厘米，每亩用种250～500克，播种时应按行、株距各50厘米将芽苞3～5粒插入泥中，或者拌泥沙撒播。当水温升至15℃时，5～10天开始发芽，出苗率可达95%。冬季采收轮叶黑藻冬芽投放虾池，至第二年春季水温上升时能萌发并长成新的植株。

（4）加强管理。

1）水质管理：在轮叶黑藻萌发期间，要加强水质管理，水位慢慢调深，同时多投喂动物性饵料或配合饲料，减少小龙虾啃食水草，促进须根生成。

2）及时除青苔：轮叶黑藻常常伴随着青苔的发生，在养护水草时，如果发现有青苔滋生时，需要及时消除青苔。

（四）金鱼藻

1.金鱼藻的特性 金鱼藻又称为狗尾巴草，是沉水性多年生水草，全株深绿色。长20～40厘米，群生于淡水池塘、水沟、稳水小河、温泉流水及水库中，尤其适合在稻田养虾中栽培，是小龙虾的极好饲料（图7–11）。

2.金鱼藻的优缺点 优点是耐高温，小龙虾喜食，再生能力强；缺点是特别旺发，容易臭水。

图7–11 金鱼藻

3.金鱼藻的种植和管理 金鱼藻的栽培有以下几种方法：

（1）全草移栽：在每年10月以后，待稻谷基本收割结束后，可从湖泊或河沟中捞出全草进行移栽，用草量一般为每亩50～100千克。这个时候进行移栽，由于小龙虾的破坏性较小，基本不需要进行专门的保护（图7–12）。

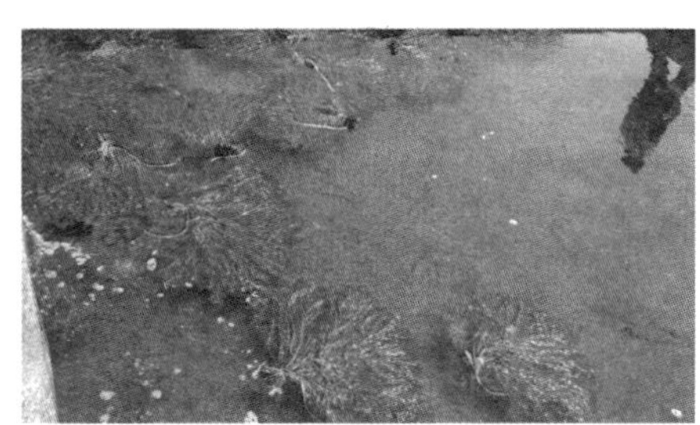

图7–12 全草栽培

（2）浅水移栽：这种方法的移栽时间在4月中下旬，或当地水温稳定通过11℃即可。首先浅灌田水，将金鱼藻切成小段，长度10～15厘米，然后像插秧一样，均匀地插入田面或沟底，亩栽10～15千克。

（3）深水栽种：水深1.2～1.5米，金鱼草藻的长度留1.2米，水深0.5～0.6米，草茎留0.5米。准备一些手指粗细的棍子，棍子长短视水深浅而定，以齐水面为宜。在棍子入土的一头离10厘米处用橡皮筋绷上3～4根金鱼藻，每蓬嫩头不超过10个，分级排放。移栽时遵循深水区稀，浅水区密，肥水池稀，瘦水池密，急用则密，等用则稀的原则。一般栽插密度为深水区1.5米×1.5米栽1蓬，浅水区1米×1米栽1蓬，依此类推。这种栽种方法在用于田间沟的水位较深时，效果非常好。

（4）专区培育：在田间沟的一角或者稻田的一侧设立水草培育区，专门培育金鱼藻（图7-13）。10月进行移栽，到翌年4～5月就可获得大量水草。每亩用草种量50～100千克，每年可收获鲜草5 000千克左右，可供25～50亩水面用草。

图7-13　栽培金鱼藻

（5）隔断移栽：每年5月以后可捞新长的金鱼藻全草进行移栽。这时候移栽必须用围网隔开，防止水草随风漂走或被小龙虾破坏。围网面积一般为10～20平方米1个，每亩2～4个，每亩草种量100～200千克。待水草落泥成活后可拆去围网。

（6）栽培管理。

1）水位调节：金鱼藻一般栽在深水与浅水交汇处，水深不超过2米，最好控制在1.5米左右。

2）水质调节：水清是水草生长的重要条件。水体混浊，不宜水草生长，建议先用生石灰调节，将水调清，然后种草。发现水草上附着泥土等杂物，应用船从水草区划过，并用桨轻轻将水草的污物拨洗干净。

3）及时疏草：当水草旺发时，要适当使它稀疏，防止其过密后无法进行光合作用而出现死草臭水现象。可用镰刀割除过密的水草，然后及时捞走。

4）清除杂草：当水体中着生大量的水花生时，应及时将它们清除，以防止影响金鱼藻等水草的生长。

（五）空心菜

1.空心菜的特性 空心菜又名蕹菜、竹叶菜，开白色喇叭状花，梗中心是空的，故称“空心菜”。空心菜种植在池边或水中，既可以为小龙虾提供遮阳场所，它的茎叶和根须又能被小龙虾摄食。

2.空心菜的栽种与管理 空心菜对土壤要求不严，适应性广，无论旱地水田、沟边地角都可栽植。

（1）田埂斜坡栽培法：在距田底1～1.5米的地带种植，时间一般在4月中下旬。先将该地带的土地翻耕5～10厘米，一般采用撒播方法，播前洒水，撒播后，将种子用细土覆盖，以后定期浇灌，以利于出苗。出苗后要定期施肥，以促进空心菜植株快速生长，施肥以鸡粪为好。当气温升高，空心菜生长旺盛，枝繁叶茂，随着水位上涨，其茎蔓及分枝会自然在水面及水中延伸，在稻田田间沟的四周水面形成空心菜的生态带。可以根据小龙虾虾沟的需要控制其覆盖水面面积在20%～30%即可。

（2）水面直接栽培法：空心菜长达20厘米左右时，节下就会生长出须根，这时剪下带须根的苗即可作为供栽培用的种苗。先将这些茎节放在靠近岸边的浅水区或直接放在水浅的田面上，它们会慢慢地生根并迅速生长、蔓延。栽培面积以空心菜植株长大后覆盖水面面积不超过30%为宜。超过此面积时，可以将其作为蔬菜或青饲料及时采收。

（六）茭白

茭白为水生植物，株高1～2米，叶互生，性喜生长于浅水中，喜高温多湿，生育初期适温15～20℃，嫩茎发育期适温20～30℃（图7-14）。

图7-14　茭白

茭白用无性繁殖法种植，长江流域于4～5月选择那些生长整齐，茭白粗壮、洁白，分蘖多的植株作种株。宜栽在四周的池边或浅滩处，栽种时应连根移栽，要求秧苗根部入水在10～12厘米，每亩30～50棵即可。

图 7-15　水花生

（七）水花生

水花生是挺水植物，水生或湿生，多年生宿根性草本，茎长可达1.5～2.5米，其基部在水中匐生蔓延。原产于南美洲，我国长江流域各省水沟、水塘、湖泊均有野生（图7-15）。水花生适应性极强，喜湿耐寒，适应性强，抗寒能力也超过水葫芦和水蕹菜等水生植物，能自然越冬，气温上升到10℃时即可萌芽生长，最适气温为22～32℃。5℃以下时水上部分枯萎，但水下茎仍能保留在水下不萎缩。

在移栽时用草绳把水花生捆在一起，形成一条条的水花生柱，平行放在虾沟的四周。使用水花生时，要经常翻动水花生，一是让水体能动起来；二是防止水花生的下面发臭；三是减少小龙虾的被动隐蔽，促进它们的生长。

（八）水葫芦

水葫芦是一种多年生宿根浮水草本植物，高约0.3米，在深绿色的叶下，有一个直立的椭圆形中空的葫芦状茎，因它浮于水面生长，又叫水浮莲。又因其在根与叶之间有一像葫芦状的大气泡又称水葫芦（图7-16）。水葫芦茎叶悬垂于水上，蘖枝匍匐于水面。花为多棱喇叭状，花色艳丽美观。叶色翠绿偏深。叶全缘，光滑有质感。须根发达，分蘖繁殖快，管理粗放，是美化环境、净化水质的良好植

图 7-16　水葫芦

物。喜欢在向阳、平静的水面，或潮湿肥沃的边坡生长。在日照时间长、温度高的条件下生长较快，受冰冻后叶茎枯黄。每年4月底5月初在老根上发芽，至年底霜冻后休眠。水葫芦喜温，在0～40℃的范围内均能生长，13℃以上开始繁殖，20℃以上生长加快，25～32℃生长最快，35℃以上生长减慢，43℃以上则逐渐死亡。

由于水葫芦对其生活的水面采取了野蛮的封锁策略，挡住阳光，导致水下植物得不到足够光照而死亡，破坏水下动物的食物链，导致水生动物死亡。此外，水葫芦还有富集重金属的能力，死后腐烂体沉入水底形成重金属高含量层，直接危害底栖生物，因此有专家将它列为有害生物，所以我们在养殖小龙虾时，可以利用，但一定要掌握度，不可过量。

在水质良好、气温适当、通风较好的条件下水葫芦株高可长到50厘米，一般可长到20～30厘米，可在池中用竹竿、草绳等隔一角落，进行培育。一旦水葫芦生长得过快，池中过多过密时，就要立即清理。

（九）黄草

黄草的植株较大且脆嫩，具有净水能力强、生命力强、适应性强的优点。小龙虾喜食它的叶片，可广泛栽种在稻田、河沟、池塘和湖泊中（图7-17）。春季水温上升至10℃以上便可播种，因黄草种粒较大，亩用种需500～800克，播种前用水浸种 5 天进行催芽后就可以播种，一般播种10天左右便可发芽。播种前期应控制水位，并保持池水有最大的透明度。

图 7-17　稻田里的黄草

（十）浮萍类

浮萍类包括青萍、芜萍、紫萍等。

青萍是单子叶植物浮萍科。浮水小草本植物，体退化成小叶状体，倒卵形或椭圆形，两侧对称，长2～5毫米，全缘，两面均成绿色，有时下面略带紫色，有5条脉，下面中部具1条毛状根。我国南北均有分布，生长于池塘、稻田、湖泊中，以色绿、干燥、完整、无杂质者为佳。

芜萍是多年生漂浮植物，椭圆形粒状叶体，没有根和茎，长0.5～8毫米，宽0.3～1毫米，生长在小水塘、稻田、藕塘和静水沟渠等水体中。

紫萍的腹面呈淡绿色至灰绿色，背面呈棕绿色至紫棕色者，长5～7毫米，宽4～4.5毫米，有叶脉7～9条，小根5～10条，通常生长在稻田、藕塘、池塘和沟渠等静水水体中，以色绿、背紫、干燥、完整、无杂质者为佳。

图7-18　萍类

这些萍类可根据需要随时捞取，也可在池中用竹竿、草绳等隔一角落，进行培育。只要水中保持一定的肥度，它们都可生长良好。若水中植株不大，可用少量化肥，化水泼洒，促进其生长发育（图7-18）。

（十一）其他的挺水植物

适合在稻田虾沟内栽种的挺水植物还有很多，例如莲藕、芦苇、蒲草、慈姑等（图7-19）。

图7-19　慈姑也是常用的水草

三、种草技术

（一）种草环境

养殖小龙虾的稻田的虾沟内，要求水草分布均匀，种类搭配适当，沉水性、浮水性、挺水性水草要合理，水草种植最大面积不超过2/3，其中沉水处种沉水植物及一部分浮叶植物，浅水区种挺水植物。

（二）品种选择与搭配

1.确定水草的种类和数量 根据小龙虾对水草利用的优越性，确定移植水草的种类和数量 一般以沉水植物和挺水植物为主，浮叶和漂浮植物为辅。

2.根据小龙虾的食性移植水草 可多栽培一些小龙虾喜食的苦草、轮叶黑藻、金鱼藻，其他品种水草适当少移植，起到调节互补作用，这对改善稻田水质、增加虾沟内的溶解氧、提高水体透明度有很好的作用。

3.保持一定的覆盖率和水草品种 一般情况下，稻田养殖小龙虾不论采取哪种养殖模式，虾沟中的水草覆盖率都应该保持在50%左右，水草品种在两种以上。

图7-20 较好的稻田里有浮萍类也有伊乐藻

4.在稻田中常选择伊乐藻、苦草、轮叶黑藻这三种水草 三者的栽种比例是伊乐藻早期覆盖率应控制在20%左右，苦草覆盖率应控制在

20%～30%，轮叶黑藻的覆盖率控制在40%～50%。三者的栽种时间次序为伊乐藻—苦草—轮叶黑藻。三者的作用是伊乐藻为早期过渡性和食用水草（图7–20），苦草为食用和隐藏性水草，轮叶黑藻则作为稻田养殖的长期管用的主打水草。注意事项是，伊乐藻要在冬春季播种，高温期到来时，将伊乐藻草头割去，仅留根部以上10厘米左右；苦草种子要分期分批播种，错开生长期，防止遭小龙虾一次性破坏；轮叶黑藻可以长期供应。

（三）栽培技术

水草的栽培技术的部分内容在前文已有一定的叙述，以下仅就部分要点做适当说明和补充。

1.栽插法 适用于带茎水草，这种方法一般在小龙虾放养之前进行，首先浅灌虾沟中的水，将伊乐藻、轮叶黑藻、金鱼藻、茭茭草、水花生等带茎水草切成小段，长度20～25厘米，然后像插秧一样，均匀地插入沟底。我们在生产中摸索到一个小技巧，先用刀将带茎水草切成需要的长度，然后均匀地撒在虾沟中，沟里保留5厘米左右的水位，用脚用力踩或用带叉形的棍子插入泥中即可。这种栽插方法也可用于稻谷收割后田面里的水草栽培（图7–21）。

图7–21 栽插水草

2.抛入法 适用于浮叶植物，先将沟里的水位降至合适的位置，然后将莲、菱、荇菜、莼菜、芡实、苦草等的根部取出，露出叶芽，用软泥包紧根后直接抛入沟中，使其根茎能生长在底泥中，叶能漂浮水面即可。

3.播种法 适用于种子多的水草，目前最常用于苦草。播种时水位控制在10厘米，先将苦草籽用水浸泡1天，将细小的种子搓出来，然后加入10倍的细沙壤土，与种子拌匀后直接撒播，为了能将种子均匀地撒开，沙壤土要保持略干。每亩水面用苦草种子30～50克。

4.移栽法 适用于挺水植物，先将虾沟水降至适宜水位，将蒲草、芦苇、茭白、慈姑等连根挖起，最好带上部分原池中的泥土，移栽前要去掉伤叶及纤细劣质的根苗，移栽位置可在池边的浅滩处或者池中的小高地上，要求小苗根部入水在10～20厘米，进水后，整个植株不能长期浸泡在水中，密度为每亩45棵左右（图7-22）。

5.培育法 适用于浮叶植物，它们的根比较纤细，这类植物主要有瓢莎、青萍、浮萍、水葫芦等。在沟中用竹竿、草绳等隔一角落，也可以用草框将浮叶植物围在一起，进行培育，通常是放在虾沟的角落里，用草绳拦好就可以了。

图7-22 移栽水草

6.捆扎法 方法是把水草扎成团，大小为1平方米左右，用绳子和石块固定在水底或浮在水面，每亩可放25处左右，也可用草框把水花生、空心菜、水浮莲等固定在水中央。

（四）栽培小贴士

（1）水草在虾池中的分布要均匀，不宜一片多一片少。

（2）水草种类不能单一，最好使挺水性、漂浮性及沉水性水草合理分布，保持相应的比例，以满足小龙虾多方位的需求。沉水植物为小龙虾提供栖息场所，漂浮植物为小龙虾提供饵料，挺水植物主要起护坡作用。

（3）无论何种水草都要保证不能覆盖整个池面，至少留有池面的1/2作为小龙虾自由活动的空间。

（4）栽种水草主要在虾种放养前进行，如果需要也可在养殖过程中随时补栽。在补栽中要注意的是判断池中是否需要栽种水草，应根据具体情况来确定。

四、加强水草管理

许多养殖户对于水草只种不管，认为水草这种东西在野塘里、稻田中到处生长，不需要管理。其实这种观念是错误的，如果对水草不加强管理的话，不但不能正常发挥水草的作用，而且一旦水草大面积衰败时会大量沉积在沟底，然后就是腐烂变质，极易污染水质，进而造成小龙虾死亡。

（一）不同时期对水草的管理要求

1.养殖前期的水草养护 小龙虾养殖前期对水草的要求是种好草：一是要求稻田的田间沟里要多种草、种足草；二是要求稻田的田面上要种上适宜小龙虾生长的水草；三是要求种的草要成活、要萌发，要能在较短时间内形成水下森林。

2.养殖中期的水草养护 小龙虾养殖中期对水草的要求是管好草：一是当田间沟里的水色过浓而影响水草进行光合作用时，应及时调水至清新状态或降低水位，从而增强光线透入水中的机会，增强水草的光合作用；二是如果稻田的水质混浊、水草上附着污染物的，应及时清洗水草，也可以使用相应的药物泼洒，对水草上的污物进行分解；三是一旦发现田间沟里的水草有枯萎现象或缺少活力的，应及时用生化肥料或其他肥料进行追肥，同时要加强对水草的保健。

3.养殖后期的水草养护 小龙虾养殖后期对水草的要求是控好草：一是控制水草的疯长，水草在田间沟里的覆盖率维持在50%左右就可以了；二是加强台风期的水草控制，在养殖后期也是台风盛行的时候，在台风到来前，要做好水位的控制，主要是适当降低水位，避免较大的风力把水草根茎拔起而离开池底，造成枯烂，污染水质；三是对水草超出水面的，在6月初割除老草头，让其重新生长出新的水草，形成水下森林。

（二）水草老化的原因及处理

1.水草老化的原因 经过一段时间的养植后，水体中肥料营养已经被水草和其他水生动植物消耗得差不多了，出现营养供应不足，导致水质不清爽，水草老化（图7-23）。

图7-23 老化的水草

2.水草老化的危害 在水草方面体现在一是污物附着水草，叶子发黄；二是草头贴于水面上，经太阳暴晒后停止生长；三是伊乐藻等水草老化比较严重，出现水草下沉、腐烂的情况。水草老化对小龙虾养殖的影响是破坏水质、底质，从而影响小龙虾的生长。

3.水草老化的对策 一是对于老化的水草要及时进行“打头”或“割头”处理，二是促使水草重新生根、促进生长。可通过施加肥料等方法来达到目的。这里介绍一例，可用1桶健草养螺宝加1袋黑金神用水稀释后全池泼洒，可用于8～10亩水面。

（三）水草过密的原因及处理

1.水草过密的原因 经过一段时间的养植，随着水温的升高，水草的生长也处于旺盛期，于是有的稻田尤其是田间沟里就会出现水草过密的现象（图7-24）。

图7-24 过密的水草

2.水草过密的危害 一是过密的水草会封闭整个水体的表面，造成田间沟的内部缺少氧气和光照，小龙虾会因缺氧而到处乱跑，甚至会引起死亡；二是过密的水草会大量吸收稻田里的营养，从而造成稻田里的优良藻相无法保持稳定，时间一长会造成小龙虾疾病频发；三是水草过密，小龙虾有了天然的躲避场所，它们就会躲藏在里面不出来，时间一长就会造成大量的偷懒的小龙虾，它们的体型小、体色黑、售价低，从而造成整个稻田的虾产量下降，规格降低。

3.水草过密的对策　一是对过密的水草强行打头或刈割，从而起到稀疏水草的效果；二是对生长旺盛、过于茂盛的水草要进行分块，进行有一定条理的“打路”处理，一般3～4米打一宽2米的通道以加强水体间上、下水层的对流及增加阳光的照射，有利于水体中有益藻类及微生物的生长，还有利于小龙虾的行动、觅食，增加小龙虾的活动空间；三是处理水草后，要在田间沟里全池泼洒防应激、抗应激的药物，来缓解小龙虾因改变光照、水体环境产生的应激反应。具体的药物和用量请咨询当地的渔药店。

（四）水草疯长的原因及处理

1.水草疯长的原因　随着水温的渐渐升高，稻田和田间沟里的水草生长速度也不断加快，在这个时期，如果水草没有得到很好的控制，就会出现疯长现象。而且疯长后的水草会出现腐烂现象，直接导致水质变坏，田间沟里的水体严重缺氧，将给小龙虾养殖造成严重危害。对水草疯长的田间沟，可以采取多种措施加以控制。

图7-25　疯长的水草

2.人工清除　这个方法是比较原始的，劳动量也大，但是效果好，适用于小型的稻田。具体措施是随时将漂浮的水草及腐烂的水草捞出。对于池中生长过多过密的水草可以用刀具割除，也可以在绳索上挂刀片，两人在岸边来回拉扯从而达到割草的目的。每次水草的割除量控制在水草总量的1/3以下（图7–26）。

还有一种割草的方法就是在田间沟或稻田的中间割出一些草路，每隔8～10米就可以割出一条宽2米左右的草路，让小龙虾有自由活动的通道。现在有一种专门用于割水草的机械，效果非常好，省时省力（图7–27）。

图 7–26　及时清除水草

图 7–27　机械割水草

3.缓慢加深田水　一旦发现田间沟中的水草生长过快，应加深水位让草头没入水面30厘米以下，通过控制水草的光合作用来达到抑制生长的目的。在加水时，应缓慢加入，让水草有个适应的过程，不能一次加得过多，否则会发生死草并腐烂变质的现象，从而导致水质恶化。

4.补氧除害　对于那些水草过多且疯长的稻田，如果遇到闷热、气压过低的天气时，既不要临时仓促割草，也不要快速加换新水，以免搅动池底，让污物泛起。这时要先向水体里投放高效的增氧剂，既可以用化学增氧剂，也可以用生化增氧产品，目的是补充水体溶解氧的不足；同时使用药物来消除水体表面的张力和水体分层现象，促使稻田里的有害物质转化为无害的有机物或气体溢出水面，等天气状况好转、气压正常后，再将疯长的水草割去，同时加换新水。

5.调节水质　在养殖第一线的养殖户肯定会发现一个事实，那就是水草疯长的稻田，水里面的腐烂草屑和其他污物一般都很多，这是水质不好的表现，如果不加以调控的话，水质很可能就会进一步恶化。特别是在大雨过后及人工割除的情况下，现象更是明显，而且短期内水质都会不好，这时就要着手调节水质。

调节水质的方法很多，可以先用生石灰化水全池泼洒，烂草和污物多的地方要适当多洒，第二天上午使用解毒剂进行解毒，然后再追肥。

（五）水草过稀的原因及处理

在养植过程中，稻田里的水草会越来越稀少，这在小龙虾养殖中是最常见的一种现象（图7–28）。经过分析，我们认为造成水草过稀有下面几种原因，不同的情况对小龙虾造成的影响是不同的，当然处理的对策也有所不同。

图 7–28　水草过稀

1.由水质老化混浊造成　稻田里尤其是田间沟里的水太混浊，水草上附着大量的黏滑浓稠的污泥物，这些污泥物在水草的表面阻断了水草利用光能进行光合作用的途径，从而阻碍了水草的生长发育。

对策：一是换注新水，促使水质澄清；二是先清洗水草表面的污泥，然后再通过施加肥料或生化肥等促使水草重新生根，促进水草生长。

2.水草根部腐烂、霉变而引起　养植过程中由于大量投饵或使用化肥、鸡粪等导致底部有机质过多，水草根部在池底受到硫化氢、氨、沼气等有害气体和有害菌侵蚀下造成根部腐烂、霉变，进而使整株水草枯萎、死亡。

对策：一是要及时捞出已经死亡的水草，减少对稻田的再次污染；二是对稻田进行解毒处理，用相应的药物来消除稻田里硫化氢、氨等毒气；三是做好小龙虾的保护工作，可内服大蒜素（0.5%）、护肝药物（0.5%）、多维（1%），每天1次，连续3～5天，防止小龙虾误食已经霉变的水草而中毒；四是用药物对已腐烂、霉变的水草进行氧化分解，达到抑制、减少有害气体及有害菌的作用，从而保护健康水草根部不受侵蚀腐烂、霉变。

3.水草的病虫害引起 春夏之交是各种病虫繁殖的旺盛期，这些飞虫将自己的受精卵产在水草上孵化。这些孵化出来的幼虫需要能量和营养，水草便是最好的能量和营养载体，这些幼虫通过噬食水草来获取营养，导致水草慢慢枯死，从而造成稻田里的水草稀疏。

对策：由于稻田里的水草是不能乱用药物的，尤其是针对飞虫的药物有相当一部分是菊酯类的，对小龙虾有致命伤害，因此不能使用。针对水草的病虫害只能以预防为主，可用经过提取的大蒜素制剂与食醋混合后喷洒在水草上，能有效驱虫和溶化分解虫卵。大蒜素制剂和食醋的用量参考说明书。

4.综合因素引起 主要是在高温季节，高密度、高投饵、高排泄、高残留、低气压、低溶氧，水质、底质容易变坏，对水草的健康生长带来不良影响，是小龙虾养殖的高危期。

对策：每5～7天在水草生长区和投饵区抛撒底部改良剂或漂白粉制剂，目的是解决水质通透问题，防止底质腐败，消除有毒有害物质如亚硝酸盐、氨氮、硫化氢、甲烷、重金属、有害腐败病菌等，保护水草健康。

5.小龙虾割草引起 所谓小龙虾割草就是小龙虾用大螯把水草夹断，就像人工用刀割的一样，养殖户把这种现象就叫小龙虾割草（图7–29）。

图 7-29　小龙虾割草造成草稀

稻田里如果有少量小龙虾割草属于正常现象，如果在投喂后这种现象仍然存在，这时可根据稻田的实际情况合理投放一定数量的螺蛳，有条件的尽量投放仔螺蛳。

稻田里如果小龙虾大量割草，那就不正常了，可能是小龙虾饲料不足或者小龙虾开始发病的征兆。对策一是饲料不足时可多投喂优质饲料；二是配合施用追肥，来达到肥水培藻的目的，也可使用市售的培藻产品来按说明书泼洒，以达到培养藻类的效果。

技巧八 科学投饵是成功养虾的关键

一、小龙虾的摄食特点

（一）小龙虾的食性

小龙虾只有通过从外界摄取食物，才能满足其生长发育、栖居活动、繁衍后代等生命活动所需要的营养和能量。小龙虾在食性上具有广谱性、互残性、暴食性、耐饥性和阶段性。

小龙虾为杂食性动物，但偏爱动物性饵料，如小鱼、小虾、螺蚬类、蚌、蚯蚓、蠕虫和水生昆虫等（图8–1）。植物性食物有浮萍、丝状藻类、苦草、金鱼藻、菹草、马来眼子菜、轮叶黑藻、水葫芦、水花生、南瓜等。精饲料有豆饼、菜饼、小麦、稻谷、玉米等。在饵料不足或养殖密度较大的情况下，小龙虾会发生自相残杀、弱肉强食的现象，体弱或刚蜕壳的软壳虾往往成为同类攻击的对象。因此，在人工养殖时，除了养殖密度要适宜、投喂充足适口的饵料外，设置隐蔽场所和栽种水草往往成为养殖成功的关键。

图 8–1　杂鱼是小龙虾爱吃的饵料

在摄食方式上，小龙虾不同于鱼类，常见的养殖鱼类多为吞食与滤食，而小龙虾则为咀嚼式吃食，这种摄食方式是由小龙虾独特的口器所决定的。

小龙虾的食性是不断转化的，在溞状幼体早期，小龙虾以浮游植物为主要饵料，而后转变为以浮游动物为主，到了幼虾以后，才逐渐转为杂食性，然后再转入以杂食性偏动物性饵料为主。

（二）小龙虾的食量与抢食

小龙虾的食量很大且贪食。据观察，在夏季的夜晚，一只小龙虾一夜可捕捉五六只螺蛘。当然它也十分耐饥饿，如果食物缺乏时，一般7～10天或更久不摄食也不至于饿死，小龙虾的这种耐饥性为长途运输提供了方便。

小龙虾不仅贪食，而且还有抢食和格斗的天性。通常在以下情况时更易发生，一是在人工养殖条件下，养殖密度大，小龙虾为了争夺空间、饵料，而不断地发生争食和格斗，甚至出现自相残杀的现象；二是在投喂动物性饵料时，由于投喂量不足，小龙虾为了争食美味可口的食物而互相格斗。

（三）小龙虾的摄食量与水温的关系

小龙虾的摄食量与水温有很大关系，当水温在10℃以上时，小龙虾食欲旺盛；当水温低于10℃时，摄食能力明显下降；当水温进一步下降到5℃时，小龙虾的新陈代谢水平较低，几乎不摄食，一般是潜入到洞穴中或水草丛中冬眠。

二、小龙虾的食物

（一）小龙虾的植物性饲料与动物性饲料

根据研究表明，小龙虾可食用饵料的种类包括以下几大类。一是植物性饵料，有青糠、麦麸、黄豆、豆饼、小麦、玉米及嫩的青绿饲料，南瓜、山芋、瓜皮等，需煮熟后投喂；二是动物性饵料，有小杂鱼、轧碎螺蛳、河蚌肉等；三是配合饲料。在饲料中必须添加蜕壳素、多种维生素、免疫多糖等，满足小龙虾的蜕壳需要。具体见表8–1。

表8–1　小龙虾对各种食物的摄食率　（魏青山，1985）

	名称	（%）
植物	眼子菜	3.2
	竹叶菜	2.6
	水花生	1.1
	苏丹草	0.7
动物	水蚯蚓	14.8
	鱼肉	4.9
饲料	配合饲料	2.8
	豆饼	1.2

小龙虾食性杂，且比较贪食，喜食动物性饲料，也摄食植物性饲料。为降低养殖成本，饵料投喂时以植物性饲料为主，如新鲜的水草、水花生、空心菜、麸皮、米糠或半腐状的大麦、小麦、蚕豆、水稻等植物秸秆。当然有条件的可投放一些动物性饲料，如砸碎的螺

蛳、小杂鱼和动物内脏等，则小龙虾的生长会更快。如果饵料充足、营养丰富的话，幼虾30～40天就可达到上市规格。

1.植物性饲料 根据魏青山教授和张世萍教授及羊茜等同志的研究，小龙虾是杂食性动物，比较喜爱植物性饵料，它们常吃的饵料有以下几种。

（1）藻类：浮游藻类生活在各种小水坑、池塘、沟渠、稻田、河流、湖泊、水库中，通常使水呈现黄绿色或深绿色，小龙虾对硅藻、金藻和黄藻消化良好，对绿藻、甲藻也能够消化。

（2）丝状藻类：俗称青苔，主要指绿藻门中的一些多细胞个体，通常呈深绿色或黄绿色。小龙虾在食物缺乏时，也吃着生的丝状藻类和漂浮的丝状藻类，如水绵、双星藻和转板藻等。

（3）芜萍：芜萍为椭圆形粒状叶体，没有根和茎，是多年生漂浮植物，生长在小水塘、稻田、藕塘和静水沟渠等水体中。据测定，芜萍中蛋白质、脂肪含量较高，营养成分好，此外还含有维生素C、维生素B以及微量元素钴等，小龙虾喜欢摄食。

（4）小浮萍：为卵圆形叶状体，生有一条很长的细丝状根，也是多年生的漂浮植物，生长在稻田、藕塘和沟渠等静水水体中，可用来喂养小龙虾。

（5）四叶萍：又称田字萍，在稻田中生长良好，是小龙虾的食物之一。

（6）槐叶萍：在浅水中生长，尤其喜欢在富饶的稻田中生长，是小龙虾喜好的饵料之一。

（7）菜叶：饲养中不能把菜叶作为小龙虾的主要饵料，只是适当地投喂菜叶作为补充食料，主要有小白菜叶、菠菜叶和莴苣叶。

（8）水浮莲、水花生、水葫芦：它们都是小龙虾非常喜欢的植物性饵料。

（9）其他的水草：包括伊乐藻、菹草等各种沉水性水草，一些菱角等漂浮性植物，茭白、芦苇等挺水植物，以及黑麦草、莴笋、玉米、黄花草、苏丹草等多种旱草。

其他的植物性饲料还有一些瓜果及它们的副产品。

2.动物性饲料 小龙虾常食用的动物性饵料有水蚤、剑水蚤、轮虫、原虫、水蚯蚓、孑孓，以及鱼虾的碎肉、动物内脏、鱼粉、血粉、蛋黄和蚕蛹等。

（1）水蚤、剑水蚤、轮虫等：是水体中天然饵料，小龙虾在刚从母体上孵化出来后，喜欢摄食它们。人工繁殖小龙虾时，也常常人工培育这些活饵料来养殖小龙虾的幼虾。

（2）水蚯蚓：通常群集生活在小水坑、稻田、池塘和水沟底层的污泥中，身体呈红色或青灰色，是小龙虾适口的优良饵料之一。

（3）孑孓：通常生活在稻田、池塘、水沟和水洼中，尤其春、夏季分布较多，是小龙虾喜食的饵料之一。

（4）蚯蚓：种类较多，都可用作小龙虾的饵料。

（5）蝇蛆：苍蝇及其幼虫——蛆都是小龙虾养殖的好饵料。

（6）螺蚌肉：是小龙虾养殖的上佳活饵料，除了人工投放部分螺蚌补充到稻田外，其他的螺蚌在投喂时最好敲碎，然后投喂（图8–2）。

（7）血块、血粉：新鲜的猪血、牛血、鸡血和鸭血等都可以煮熟后晒干，或制成颗粒饲料喂养小龙虾。

图8–2　田螺

（8）鱼、虾肉：野杂鱼肉和沼虾肉，小龙虾可直接食用,有时为了提高稻田的水体空间利用率，可以在虾沟中投放一些小的鱼苗，一方面为小龙虾提供活饵，另一方面可以提供一龄鱼种，增加收入。

（9）红虫：是摇蚊幼虫的别称，营养十分丰富，小龙虾特别爱吃（图8–3）。

（10）屠宰下脚料：家禽内脏等屠宰下脚料是小龙虾的好饵料，

在我们投喂的过程中，发现小龙虾特别爱吃畜禽内脏，而不太爱吃猪皮、油皮等。

图 8-3　红虫

（二）人工饲料及配制

发展小龙虾养殖业，光靠天然饵料是不行的，必须发展人工配合饵料以满足要求。人工配合颗粒饵料，要求营养成分齐全，主要成分应包括蛋白质、糖类、脂肪、无机盐和维生素等五大类。

人工配合饲料是根据不同小龙虾的不同生长发育阶段对各种营养物质的需求，将多种原料按一定的比例配合、科学加工而成的。配合饲料又称为颗粒饲料，包括软颗粒饲料、硬颗粒饲料和膨化饲料等，它具有动物性蛋白和植物性蛋白配比合理、能量饲料与蛋白饲料的比例适宜、具备营养物质较全面的优点。

1.饲料配方设计的原则　由于配合饲料是基于饲料配方基础上的加工产品，所以饲料配方设计的合理与否，直接影响到配合饲料的质量与效益，因此必须对饲料配方进行科学的设计。饲料配方设计必须遵循以下原则：

（1）营养原则。

1）必须以营养需要量标准为依据。根据小龙虾的生长阶段和生长速度选择适宜的营养需要量标准，并结合实际养殖效果确定出日粮的营养浓度，至少要满足能量、蛋白质、钙、磷、食盐、赖氨酸和蛋氨酸这几个营养指标。同时要考虑到水温、饲养管理条件、饲料资源及质量、小龙虾健康状况等诸多因素，对营养需要量标准灵活运用，合理调整。

2）注意营养的全面和平衡。配合日粮时，不仅要考虑各营养物质的含量，还要考虑各营养素的全价性和平衡性，营养素的全价性即各营养物质之间（如能量与蛋白质、氨基酸与维生素、氨基酸与矿物质等）以及同类营养物质之间（如氨基酸与氨基酸、矿物质与矿物质）的相对平衡。因此，应注意饲料的多样化，尽量多用几种饲料原料进行配合，取长补短。这样有利于配制成营养完全的日粮，充分发挥各种饲料中蛋白质的互补作用，提高日粮的消化率和营养物质的利用率。

3）考虑小龙虾的营养生理特点。小龙虾不能较好地利用碳水化合物，过多的碳水化合物易使小龙虾发生脂肪肝，因此应限制碳水化合物的用量。胆固醇是合成虾蜕皮激素的原料，饲料中必须提供。卵磷脂在脂溶性成分（脂肪、脂溶性维生素、胆固醇）的吸收与转运中起重要作用，虾饲料中一般也要添加。

（2）经济原则在小龙虾养殖生产中，饲料费用占很大比例，一般要占养殖总成本的70%～80%。在配合饲料时，必须结合小龙虾养殖的实际经验和当地自然条件，因地制宜、就地取材，充分利用当地的饲料资源，制订出价格适宜的饲料配方。优选饲料配方既要保证营养能满足小龙虾的合理需要，又要保证价格最优。一般来说，利用本地饲料资源，可保证饲料来源充足，减少饲料运输费用，降低饲料生产成本。在配方设计时，可根据不同的养殖方式设计不同营养水平的饲料配方，最大限度地节省成本。此外，开拓新的饲料资源也是降低成本的途径之一。

（3）卫生原则。在设计配方时，应充分考虑饲料的卫生安全要求。在考虑饲料原料营养指标的同时不能忽视它的卫生指标，所用的饲料原料应无毒、无害、未发霉、无污染，严重发霉变质的饲料应禁止使用。在饲料原料中，如玉米、米糠、花生饼、棉仁饼因脂肪含量高，容易发霉，感染黄曲霉并产生黄曲霉毒素，损害小龙虾的肝脏。此外，还应注意所使用的原料是否受农药和其他有毒、有害物质的污染。

（4）安全原则。安全性是指依所设计的添加剂预混料配方生产出来的产品，在饲养实践中必须安全可靠。所选用原料品质必须符合国家有关标准的规定，有毒有害物质含量不得超出允许限度；不影响饲料的适口性；在饲料中与小龙虾体内，应有较好的稳定性；长期使用不产生急、慢性毒害等不良影响；在饲料产品中的残留量不能超过规定标准，不得影响上市成虾的质量和人体健康；不导致亲虾生殖生理的改变或繁殖性能的损伤；维生素含量等不得低于产品标签标明的含量，不得超过有效期限。

（5）生理原则。科学的饲料配方，其所选用的饲料原料还应适合小龙虾的食欲和消化生理特点，所以要考虑饲料原料的适口性、容积、调养性和消化性等。

（6）优选配方步骤。优选饲料配方主要有以下步骤：①确定饲料原料种类；②确定营养指标；③查营养成分表；④确定饲料用量范围；⑤查饲料原料价格；⑥建立线性规划模型并计算结果；⑦得到一个最优化的饲料配方。

2.原料的选择要求　为配制出高品质的配合饲料，在选择配合饲料的原料时应注意以下几个问题：

（1）饲料原料的营养价值。在配合饲料时必须详细了解各类饲料原料营养成分的含量，有条件时应进行实际测定。

（2）饲料原料的特性。配制饲料时还要注意饲料原料的有关特性。如适口性、饲料中有毒有害成分的含量、有无霉变、来源是否充足、价格是否合理等。

（3）饲料的组成。饲料的组成应坚持多样化的原则，这样可以发挥各种饲料原料之间的营养互补作用，如目前提倡多饼配合使用，以保证营养物质的完全平衡，提高饲料的利用率。

（4）其他特殊要求。原料的选择要考虑水产饲料的特殊要求，考虑它在水中的稳定性，须选用α-淀粉、谷朊粉等。

（5）常用的原料。在配制小龙虾饲料时，最常用的饲料原料有小麦、玉米、大豆等。

3.小龙虾饲料的加工工艺

（1）配方设计。小龙虾全价配合饲料的配方是根据小龙虾的营养需求而设计的，下面列出几种配方仅供参考：

小龙虾苗种料：

1）鱼粉70%、豆粕6%、酵母3%、α-淀粉17%、矿物质1%、其他添加剂3%。

2）鱼粉77%、啤酒酵母2%、α-淀粉18%、血粉1%、复合维生素1%、矿物质添加剂1%。

3）鱼粉70%、蚕蛹粉5%、血粉1%、啤酒酵母2%、α-淀粉20%、复合维生素1%、矿物质添加剂1%。

4）鱼粉20%、血粉5%、大豆饼25%、玉米淀粉23%、小麦粉25%、生长素1%、矿物质添加剂1%。

5）麦麸30%、豆饼20%、鱼粉50%、维生素和矿物质适量。

小龙虾成虾料：

1）鱼粉60%、α-淀粉22%、大豆蛋白6%、啤酒酵母3%、引诱剂3.1%、维生素添加剂2%、矿物质添加剂3%、食盐0.9%。

2）鱼粉65%、α-淀粉22%、大豆蛋白4.4%、啤酒酵母3%、活性小麦筋粉2%、氯化胆碱（含量为50%）0.3%、维生素添加剂1%、矿物质添加剂2.3%。

3）肝粉100克、麦片120克、绿紫菜15克、酵母15克、15%虫胶适量。

4）干水丝蚓15%、干孑孓10%、干壳类10%、干牛肝10%、四环素类抗生素18%、脱脂乳粉23%、藻酸苏打3%、黄蓍胶2%、明胶2%、阿拉伯胶2%、其他5%。

（2）加工设备。配合饲料的加工需要有以下几种设备：清杂设备、粉碎机组、混合机械、制粒成型设备、烘干设备、高压喷油设备等。

（3）工艺流程。从目前国内饲料加工情况来看，饲料加工的工艺大致相同，主要有以下几个流程：

原料清理→配料→第一次混合→超微粉碎→筛分→加入添加剂和油脂→第二次混合→粉状配合饲料或颗粒配合饲料→喷油、烘干→包装、贮藏。

4.饲料的质量评定 由于小龙虾全价配合饲料没有统一标准，我们很难对小龙虾配合料进行全面正确的评价，因此这个评定标准以实用为主，不一定十分准确。

（1）感官：要色泽一致，无发霉变质、结块和异味，除具有鱼粉香味外，还具有强烈的鱼腥味，能够很快地诱引小龙虾前来摄食。

（2）饲料粒度：小龙虾幼苗的粉状料要求80%通过100目分析筛，成虾料要求80%通过80目分析筛，亲虾料要求80%通过60目分析筛。

（3）黏合性：指饲料在水中的稳定性，良好的黏合性可以保证饲料在水中不易散失。其中需要注意的是黏合性越高，α-淀粉含量就越高，可能会影响小龙虾对饲料的消化吸收；同时，在食台投喂的小龙虾料由于黏合性过强，会被小龙虾拖入水中，造成浪费与水体污染。因此，加工制成面团状或软颗粒饲料，在水中的稳定性，饲料保证3小时不溃散或在水体中保形 3 小时为良好，有时为了引诱小龙虾前来食用，可以将添加诱食剂和色素，使小龙虾能快速发现饲料。

（4）其他：水分不高于10%，适口性良好，具有一定的弹性。

（三）小龙虾养殖使用配合饲料的优点

在养殖小龙虾的过程中，使用配合饲料具有以下几个方面的优点：

1.营养价值高，适合于集约化生产　小龙虾的配合饲料是运用现代小龙虾研究的生理学、生物化学和营养学最新成就，根据分析小龙虾在不同生长阶段的营养需求后，经过科学配方与加工配制而成的，因此有的放矢，大大提高了饲料中各种营养成分的利用率，使营养更加全面、平衡，生物学价值更高。它不仅能满足小龙虾生长发育的需要，而且能提高各种单一饲料养分的实际效能和蛋白质的生理价值，起到取长补短的作用，是小龙虾集约化生产的保障。

2.充分利用饲料资源　通过配合饲料的制作，将一些原来小龙虾并不能直接使用的原材料加工成小龙虾的可口饲料，扩大了饲料的来源，它可以充分利用粮、油、酒、药、食品与石油化工等产品，符合可持续发展的原则。

3.提高饲料的利用效率　配合饲料是根据小龙虾的不同生长阶

段、不同规格大小而特制的营养成分不同的饲料，使它最适于小龙虾生长发育的需要，另外，配合饲料通过加工制粒过程，由于加热作用使饲料熟化，也提高了饲料蛋白质和淀粉的消化率。

4.减少水质污染 配合饲料在加工制粒过程中，因为加热糊化效果或是添加了黏合剂的作用促使淀粉糊化，增强了饲料原料之间的相互黏结，加工成大小、硬度、密度、浮沉、色彩等完全符合小龙虾需要的颗粒饲料。这种饲料一方面具有动物性蛋白和植物性蛋白配比合理、能量饲料与蛋白饲料的比例适宜、具备营养物质较全面的优点，同时也大大减少了饲料在水中的溶失及对水域的污染，降低了田间沟的有机物耗氧量，提高了稻田里小龙虾的放养密度和单位面积的小龙虾产量。

5.减少和预防疾病 各种饲料原料在加工处理过程中，尤其是在加热过程中能破坏某些原料中的抗代谢物质，提高饲料的使用效率。同时在配制过程中，适当添加了小龙虾特殊需要的维生素、矿物质以及预防或治疗特定时期的特定药物，饵料作为药物的载体，使药物更好更快地被小龙虾摄食，从而更方便有效地预防虾病。更重要的是，在饲料加工过程中，可以除去原料中的一些毒素，杀灭潜在的病菌和寄生虫及虫卵等，减少了由饲料所引起的多种疾病。

6.有利于运输和储存 配合饲料的生产可以利用现代先进的加工技术进行大批量工业化生产，便于运输和储存，节省劳动力，提高劳动生产率，降低了小龙虾养殖的强度，获得最佳的饲养效果。

三、小龙虾的投喂技巧

投喂量多质好的饵料，尤其是颗粒饲料是养虾高产、稳产、优质、高效的重要技术措施。

（一）小龙虾喂食需要了解的真相

首先我们应该了解小龙虾自身消化系统的消化能力不足，小龙虾消化道短，内源酶不足；另外气候和环境的变化尤其是水温的变化会导致小龙虾产生应激反应，甚至拒食等，这些因素都会妨碍小龙虾营养的消化吸收。

其次就是不要盲目迷信天然饵料，有的养殖户认为只要水草养好了，螺蛳投喂足了，再喂点小麦、玉米什么的就可以了，而忽视了配合饲料的使用，这种观念是错误的。在规模化养殖中我们不可能有那么丰富的天然饵料，因此我们必须科学使用配合饲料，而且要根据不同的生长阶段使用不同粒径、不同配方的配合饲料。

再次就是饲料本身的营养平衡与生产厂家的生产设备和工艺配方相关联，例如有的生产厂家为了节省费用，会用部分植物蛋白（常用的是发酵豆粕）替代部分动物蛋白（如鱼粉、骨粉等），加上生产过程中的高温环节对饲料营养的破坏（磷酸脂等会丧失），会导致饲料营养的失衡，从而也影响小龙虾对饲料营养的消化吸收及营养平衡的需求。所以，在选用饲料时要理智谨慎，最好选择用户口碑好的知名品牌。

第四就是为了有效弥补小龙虾消化能力不足的缺陷，提高小龙虾对饲料营养的消化吸收,满足其营养平衡的需求，增强其免疫抗病能力，在喂料前，定期在饲料中拌入产酶益生菌、酵母菌和乳酸菌等。

这些有益微生物复合种群优势，既能补充小龙虾的内源酶，增强消化功能，促进对饲料营养的消化吸收，还能有效抑制病原微生物在消化系统生长繁殖，维护消化道的菌群平衡，修复并促进体内微生态的健康循环，预防消化系统疾病，对小龙虾养殖十分重要。另外，如果在饲料中定期添加保肝促长类药物，既有利于保肝护肝，增强肝的排毒解毒功能，又能提高小龙虾的免疫力和抗病能力，因此我们在投喂饲料时要定期使用一些药物。

第五就是我们在投喂饲料时，总会有一些饲料沉积在沟底，从而对底质和水质造成一些不好的影响，为了确保稻田的水质和底质都能得到良好的养护和及时的改善，从而减少小龙虾的应激反应，因此我们在投喂时，会根据不同的养殖阶段和投喂情况，在饲料中适当添加一些营养保健品和微量元素，增强小龙虾的活力和免疫抗病能力，提高饲料营养的转化吸收，促进小龙虾生长，降低养虾风险和养殖成本，提高养殖效益。

（二）投饲量

投饲量是指在一定的时间（一般是24小时）内投放到某一养殖水体中的饲料量。它与小龙虾的食欲、数量、大小、水质、饲料质量等有关，实际工作中投饲量常用投饲率进行度量。投饲率亦称日投饲率，是指每天所投饲料量占稻田里小龙虾总体重的百分比。日投饲量是实际投饲率与水中承载小龙虾数量的乘积。为了确定某一具体养殖水体中的投饲量，需首先确定投饲率和承载小龙虾量。

1.影响投饲率的因素　投饲率受许多因素的影响，主要包括养殖小龙虾的规格（体重）、水温、水质（溶解氧）和饲料质量等。

（1）水温：小龙虾是变温动物，水温会影响它们的新陈代谢和食欲。在适温范围内，小龙虾的摄食随水温的升高而增加。应根据不同的水温确定投饲率，具体体现在一年中不同的月份投饲量应该有所变化。

（2）水质：水质的好坏直接影响到小龙虾的食欲、新陈代谢及健康。一般在缺氧的情况下，小龙虾会表现出极度不适和厌食。水中溶氧量充足时，小龙虾食量加大。因此，应根据水中的溶氧量调节投饲量，如气压低时，水中溶解氧量低，相应地应降低饲料喂料量，以避免未被摄食的饲料造成水质的进一步恶化。

（3）饲料的营养与品质：一般来说，小龙虾喜食质量优良的饲料，而质量低劣的饲料，如霉变饲料，则会影响小龙虾的摄食，甚至拒食。饲料的营养含量也会影响投饲量，特别是日粮的蛋白质含量，对投饲量的影响最大。

2.投饲量的确定　虾苗刚下田时，日投喂量每亩为0.5千克。随着生长，要不断增加投饲量，具体的投饲量除了与天气、水温、水质等有关外，还要自己在生产实践中把握。

（三）投喂方法

投喂一般每天两次，分上午、傍晚投放，以傍晚为主，投喂量要占到全天投喂量的60%～70%，饲料投喂要采取“四定”“四看”的方法。

由于小龙虾喜欢在浅水处觅食，因此在投喂时，应在田埂边和浅水处多点均匀投喂，也可在稻田四周的环形沟边增设饵料台，以便观察虾吃食情况。

（四）“四看”投饵

1.看季节　5月中旬前动、植物性饵料比为60：40，5月至8月中旬为45：55，8月下旬至10月中旬为65：35。

2.看实际情况　连续阴雨天气或水质过浓，可以少投喂，天气晴好时适当多投喂；大批虾蜕壳时少投喂，蜕壳后多投喂；虾发病季节少投喂，生长正常时多投喂。总的原则就是既要让虾吃饱吃好，又要减少浪费，提高饲料利用率。

3.看水色　透明度大于50厘米时可多投，少于20厘米时应少投，并及时换水。

4.看摄食活动　发现过夜剩余饵料应减少投饵量。

（五）“四定”投饵

1.定时　每天两次，最好定到准确时间，调整时间宜半月甚至更长时间（图8–4）。

图 8-4　晚上定点投饵

2.定位　沿田边浅水区定点“一”字形投放，每间隔20 厘米设一投饵点，规模化养殖的稻田也可用投饵机来投喂。

3.定质　小龙虾对饲料质量也有很高的要求，讲究青、粗、精结合，确保饲料新鲜适口，建议投配合饵料或全价颗粒饵料，严禁投腐败变质饵料，其中动物性饵料占40%，粗料占25%，青料占35%。动物下脚料最好是煮熟后投喂，在田中水草不足的情况下，一定要添加陆生草类的投喂，夏季要捞掉吃不完的草，以免腐烂，影响水质。

4.定量　日投饵量的确定按前文叙述确定。

（六）牢记“匀、好、足”

1.匀　表示一年中应连续不断地投以足够数量的饵料，在正常情况下，前后两次投饵量应相对均匀，相差不大。

2.好　表示饵料的质量要好，要能满足小龙虾生长发育的需求。

3.足　表示投饵量适当，在规定的时间内小龙虾能将饲料吃完，不使小龙虾过饥或过饱。

（七）小龙虾不同生长阶段的投喂方法

在人工养殖情况下，小龙虾整个生长阶段的饲料投喂方法基本上是一样的，只是在不同的生长阶段略有一定区别而已。

（1）为了提供合适的活饵料供幼虾摄食，在稻田中养殖小龙虾时，提前培育浮游生物是很有必要的，在放苗前七天向培育稻田内追施发酵过的有机草粪肥，培肥水质，培育枝角类和桡足类浮游动物，为幼虾提供充足的天然饵料，浮游动物也可从池塘或天然水域捞取。另外，在幼虾刚能自主摄食时，可向稻田中投喂丰年虫无节幼体、螺旋藻粉等优质饵料。第四次蜕皮后的虾进入体重、体长快速增长期，这时要投足饵料，以浮萍、水花生、苦草、豆饼、麦麸、米糠、植物嫩叶等植物性饲料为主，同时要适当增加低价野杂鱼、水生昆虫、河蚌肉、蚯蚓、蚕蛹、鱼肉糜、鱼粉等动物性饲料的投喂量。而成虾养殖可直接投喂绞碎的米糠、豆饼、杂鱼、螺蚌肉、蚕蛹、蚯蚓、屠宰场和食品加工厂的下脚料或配合饲料等，保持饲料蛋白质含量在25%左右。以投喂颗粒饲料效果最好，可避免争抢饲料、自相残杀（图 8－5 ）。

图 8-5　投喂的颗粒饲料

（ 2 ）投喂次数也略有区别，幼虾体的投喂次数要多一点，一般每天投3～4次，上午9～10时一次，下午4~6时喂第二次，日落前后喂第三次，有时夜间也可再喂第四次，投喂量为每万尾幼虾0.15～0.20千克，沿稻田四周多点片状投喂。当幼虾经过多次蜕皮成为壮年虾后，要定时向稻田中投施腐熟的草粪肥，一般每半个月一次，每次每亩100～150千克。同时每天投喂2～3次人工糜状或软颗粒饲料，日投饲量为壮年虾体重的4%～8%，白天投喂占日投饵量的40%，晚上占日投饵量的60%。而成虾一天只要投喂2次左右就可以了，上午一次，傍晚一次，日投饲量为虾体重的2%～4%。

（3）在水草利用上有一定区别，幼虾完全是利用水草作为隐蔽物、栖息的理想场所，同时也是虾蜕壳的良好场所，而成虾除了以上功能外，还可以利用部分水草作为补充饲料，可以大大节约养殖成本。

四、解决小龙虾饲料的方式

养殖小龙虾投喂饵料时，既要满足小龙虾营养需求，加快蜕壳生长，又要降低养殖成本，提高养殖效益。可因地制宜，多种渠道落实饵料来源。

（一）积极寻找现成的饵料

1.充分利用屠宰下脚料 利用肉类加工厂的猪、牛、羊、鸡、鸭等动物内脏及罐头食品厂的废弃下脚料作为饲料，经淘洗干净后切碎或绞烂煮熟喂小龙虾。沿海及内陆渔区可以利用水产加工企业的废鱼虾和鱼内脏，渔场还可以在鱼病流行季节，把需要处理没有食用价值的病鱼、死鱼、废鱼作饲料。如果数量过多时，还可以用淡干或盐干的方法加工储藏，以备待用。

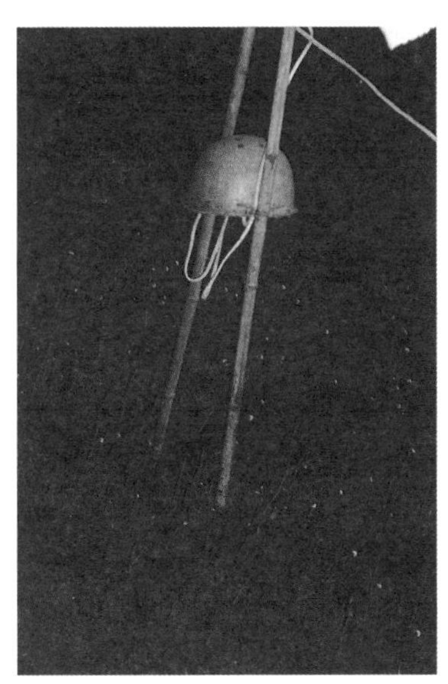

图 8-6 灯光诱虫

2.捕捞野生鱼虾 在方便的条件下，可以在池塘、河沟、水库、湖泊等水域丰富的地区人工捕捞小鱼虾、螺、蚌、贝、蚬等作为小龙虾的优质天然饵料。这类饲料来源广泛，饲喂效果好，但是劳动强度大。

3.利用黑光灯诱虫 夏秋季节在稻田的水面上20～30厘米处吊挂40瓦的黑光灯一只，可引诱大量的飞蛾、蚱蜢、蝼蛄等敌害昆虫入水供小龙虾食用，既可以为农作物消灭害虫，又能提供大量的活饵。根据试验，每夜可诱虫3～5千克。为了增加诱虫效果，可采用双层黑光灯管的放置方法，每层灯管间隔30～50厘米为宜（图8-6）。特别注意的是，利用这种饲料源，必须定期为小龙虾服用抗生素，提高抗病力。

（二）收购野杂鱼虾、螺蚌等

在靠近小溪小河、塘坝、水库、湖泊等地，可通过收购当地渔农捕捞的野杂鱼虾、螺、蚬、蚌等为小龙虾提供天然饵料，在投喂前要加以清洗消毒处理，可用3%～5%的食盐水清洗10～15分钟或用其他药物如高锰酸钾杀菌消毒，螺、蚬、蚌最好敲碎或剖割好再投饲。

（三）人工培育活饵料

螺蛳、河蚌、福寿螺、河蚬、蚯蚓、蝇蛆、黄粉虫等是小龙虾的优质鲜活饲料，可利用人工手段进行养殖、培育，以满足养殖之需。具体的培育方式请参考相关书籍。

（四）种植瓜菜

由于小龙虾是杂食性的，因此可利用零星土地或者就在田埂上种植蔬菜、豆类等，作为小龙虾的辅助饲料，这是解决饲料的一条重要途径（图8-7）。

图8-7　种植瓜菜作为小龙虾的饵料

（五）充分利用水体资源

1.养护好水草　要充分利用水体里的水草资源，在稻田中移栽水草，覆盖率在40%以上，水草主要品种有伊乐藻等。水草既是小龙虾喜食的植物性饵料，又有利于小杂鱼、虾、螺、蚬等天然饵料生物的生长繁殖。田间沟里的水草以沉水植物为主，漂浮植物、挺水植物为辅，而田面上的水草则以沉水植物为主。

2.投放螺蛳　要充分利用水体里的螺蛳资源，并尽可能引进外源性的螺蛳，让其自然繁殖，供小龙虾自由摄食。

（六）充分利用配合饲料

饲料是决定小龙虾的生长速度和产量的物质基础，任何一种单一饲料都无法满足小龙虾的营养需求。因此，在积极开辟和利用天然饲料的同时，也要投喂人工配合饲料，既能保证小龙虾的生长速度，又能节约饲养成本。

根据小龙虾的不同生长发育阶段对各种营养物质的需求，将多种原料按一定的比例配合、科学加工而成。配合饲料又称为颗粒饲料，包括软颗粒饲料、硬颗粒饲料和膨化饲料等，它具有动物性蛋白和植物性蛋白配比合理、能量饲料与蛋白饲料的比例适宜、具备营养物质较全面的优点。同时在配制过程中，适当添加小龙虾特殊需要的维生素和矿物质，以便各种营养成分发挥最大的经济效益，并获得最佳的饲养效果。

（七）灯光诱虫

1.诱虫优点 飞蛾等昆虫是鱼虾类的高级活饵料，波长为0.33～0.4微米的紫外光，对虾类无害，但是对蛾虫而言，具有较强的趋向性。而黑光灯所发出的紫光和紫外光，一般波长为0.36微米，正是蛾虫最喜欢的光线波长，可利用这一特点，用黑光灯大量诱集蛾虫。根据试验和实践表明，在小龙虾养殖田中装配黑光灯，利用黑光灯所发出的紫光和紫外光引诱蛾虫，可以为小龙虾增加一定数量廉价优质的鲜活动物性饵料，加快并促进它们的生长，可使虾产量增加10%～15%以上，降低饲料成本10%以上。另外，还可诱杀附近农田的害虫，有助于农业丰收。

2.灯管的选择 试验表明，效果最好的是20瓦和40瓦的黑光灯，其次是30瓦和40瓦的紫外灯，最差的是40瓦的日光灯和普通电灯。因此应选择20瓦的黑光灯管。

3.灯管的安装 选购20瓦的黑光灯管，装配上20瓦普通日光灯镇流器，灯架为木质或金属三角形结构。在镇流器托板下面、黑光灯管的两侧，再装配宽为20厘米、长与灯管相同的普通玻璃2～3片，玻璃间夹角为30°～40°。虫蛾扑向黑光灯碰撞在玻璃上，接触并被光热烧晕后掉落水中，有利于小龙虾摄食。接好电源（220伏）开关，开灯后可以看到小龙虾在争食落入水中的飞虫。

4.固定拉线　在田埂一端离田埂5米处的稻田内侧埋栽高15米的木桩或水泥柱，柱的左右分别拴两根铁丝，间隔50～60厘米，下面一根离水面20～25厘米，拉紧固定后，用来挂灯管。

5.挂灯管　在两根铁丝的中心部位，固定安装好黑光灯，并使灯管直立仰空12°～15°角，以增加光照面。2～5亩的稻田一般要挂一组，5～10亩的稻田可分别在稻田的两对角安装两组，即可解决部分饵料问题。

6.诱虫时间　黑光灯诱虫从每年的5月到10月。诱虫期内，除大风、雨天外，每天诱虫高峰期在晚上8～9时，此时诱虫量可占当夜诱虫总量的85%以上，午夜12时以后诱虫数量明显减少，为了节约用电，延长灯管使用期，午夜12时以后即可关灯。夏天白昼时间较长，以傍晚开灯最佳。根据测试，如果开灯第一小时诱集的蛾虫数量总额定为100%的话，那么第二小时内诱集的蛾虫总量则为38%，第三小时内诱集的虫蛾总量则为173%。因此每天适时开灯1～3小时效果最佳。

7.诱虫种类及效果　据报道，黑光灯所诱集的飞蛾种类较多，在7月以前，多诱集到棉铃虫、地老虎、玉米螟、金龟子等，每组灯管每夜可诱集1.5～2千克，相当于4～6千克的精饲料；7月以后，多诱集蟋蟀、蝼蛄、金龟子、蚊、蝇、蜢、蚋、蝗、蛾、蝉等，每夜可诱集3～5千克，相当于15～20千克的精饲料。

五、小龙虾活饵料的培养

为保证小龙虾活饵料常年能稳定供应，或遇某些特殊情况，天然饵料供应不足时，可采用人工培养活饵的方法来弥补。

（一）蚯蚓的培养

蚯蚓穴居土中，以土壤中的腐殖质为食（图8-8）。除金属、玻璃、塑料和橡胶外，许多有机废弃物和污泥都可作为蚯蚓的食料，如纸厂、糖厂、食品厂、水产品加工厂、酒厂的废渣，污水沟的污泥，禽畜粪便、果皮菜叶、杂草木屑和垃圾等。但这些有机物忌含矿物油、石灰、肥皂水和过高的盐分。

图8-8　蚯蚓

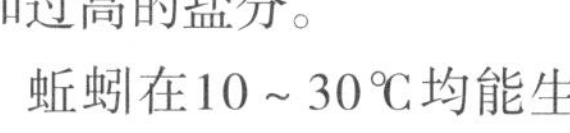

蚯蚓在10～30℃均能生长繁殖，最适温度为20～25℃；土壤含水率要求为35%～40%，pH值以6.6～7.4较适宜。蚯蚓雌雄同体，但需异体受精方能产卵，受精卵经18～21天后发育成幼蚓。小蚯蚓从出生到成熟约需4个月，成熟后每月产卵一次，每次繁殖10～12条，好的品种一年可繁殖近千条。

培养蚯蚓的基料和饲料要求无臭味、无有毒物质，并已发酵的腐熟料。基料的制作与饲料基本相似，即把收集的原料按粪60%、草40%的比例，层层相间堆制（全部粪料亦可）。若料较干，则于堆上洒水，直至堆下有水流出为止。待堆上冒“白烟”后就可进行翻堆，重新加水拌和堆制。如此重复3～5次，整堆料都得到充分发酵后就可作为蚯蚓的基料和饲料。如全部用粪料堆制，可不必翻堆。图8-9、图8-10分别为人工和大田培育蚯蚓。

图 8-9　人工培育蚯蚓

图 8-10　大田培育蚯蚓

蚯蚓培育可采用槽式、围地、土坑和饲料地养殖等各种方式（图8-11）。将发酵好的基料铺在饲养容器内，厚度10～30厘米。引入蚓种，每平方米可放1 000～2 000条。基料消耗后要及时加喂饲料。方法有三种：团状定点投料、隔行条状投料和块状投料。新料投入后，蚯蚓自行爬进新料中取食，可将陈料中的卵包收集孵化。孵化时间与温度有关，15℃时约30天，20℃时约20天，温度越高时间越短，但孵化率越低。

图 8-11　土坑培育蚯蚓

蚯蚓的饲养管理要做到以下几点：①保证基料饲料疏松通气；②保持湿润；③防毒防天敌，如蛆、蚂蚁、青蛙、老鼠等及农药危害；④避免阳光直射和冰冻。

蚯蚓的收集可利用它怕光、怕热、怕水淹的特点和用食物引诱的方法进行。

（二）蛆蛹的培养

蛆蛹为蝇的幼虫（图8-12），是一种营养价值很高的蛋白饲料，干物质中蛋白质含量达50%～60%，脂肪达10%～29%，饲养家禽或鱼、鳖、龟、虾等，效果与鱼粉相似。

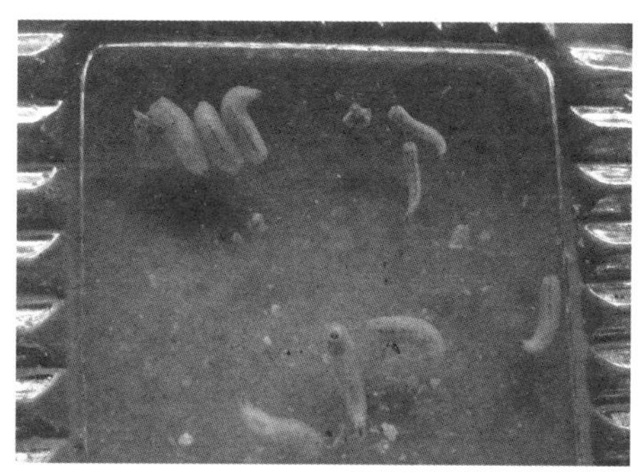

图8-12 培育的蛆蛹

蛆蛹生产由饲养成蝇、培养蛆蛹和蛆粪分离三个环节组成。

1.饲养成蝇 成蝇生长繁殖的适宜温度为22～30℃，相对湿度为60%。成蝇的饵料，大都是由奶粉、糖和酵母配合而成，亦可用鸡粪加禽畜尸体，或用蛆粉和鱼粉代替奶粉饲养。培养房内设正方形或长方形蝇笼，笼内置水罐、饵料罐和接卵罐。雌蝇在羽化后4～6天开始产卵，每只雌蝇一生产卵千粒左右，寿命约一个月。接卵时，用变酸的奶、饵料加几滴稀氨水和糖水，再加少量碳酸铵或鸡粪浸出液，将布或滤纸浸润后放入接卵罐内，成蝇就会将卵产于布或滤纸上。

2.培养蛆蛹 养蛆房内温度应保持22～27℃，相对湿度41%。培养盘的大小以方便为原则，内铺新鲜鸡粪，厚度为5～7厘米，鸡粪含水量为65%～75%。为更好地通气，可在鸡粪中适当掺入一些麦秸或稻糠。每千克鸡粪可接卵1.5克。幼虫期为4～9天（图8-13）。

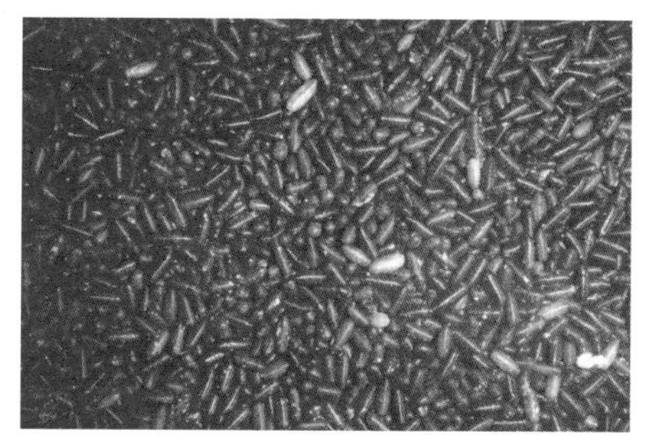

图8-13 蝇蛆卵

3.蛆粪分离 一般直接把蛆和消化过的鸡粪一并烘干作为饲料。若要分离时，可利用蛆避光的特点进行。

（三）土法培育蝇蛆

1.引蝇育蛆法　夏季苍蝇繁殖力强，可选择室外或庭院的一块向阳地，挖成深0.5米、长1米、宽1米的小坑，用砖砌好，再用水泥抹平，用木板或水泥预制板作为上盖，并装上透光窗，用玻璃或塑料布封住窗户（透光窗），再在窗上开一个5厘米×15厘米的小口，池内放置烂鱼、臭肠或牲畜粪便，引诱苍蝇进入繁殖。但一定要注意让苍蝇只能进不能出，雨天应加盖，以免雨水影响蝇蛆的生长。蛆虫的饲料，采用新鲜粪便效果较佳。经半个月后，每池可产蛆虫6～10千克，不仅个体大，而且肥嫩，捞出消毒后即可投喂。

2.土堆育蛆法　将垃圾、酒糟、草皮、鸡毛等混合搅成糊状，堆成小土堆，用泥封好，待10天后，揭开封泥，即可见到大量的蛆虫在土堆中活动。

3.豆腐渣育蛆法　将豆腐渣、洗碗水各25千克，放入缸内拌匀，盖上盖子，但要留一个供苍蝇进去的入口，沤3～5天后，缸内便繁殖出大量的蛆虫，把蛆虫捞出消毒、洗净后即可投喂。也可将豆腐渣发酵后，放入土坑，加些淘米水，搅拌均匀后封口，5～7天也可产生大量蝇蛆（图8–14）。

图8–14　豆腐渣培育蝇蛆

4.牛粪育蛆法　把晾干粉碎的牛粪混合在米糠内，用污泥堆成小堆，盖上草帘，10天后，可长出大量小蛆，翻动土堆，轻轻取出蛆后，再把原料装好，隔10天后，又可产生大量蝇蛆，提供活饵料。

5.黄豆育蛆　先从屠宰场购回3～4千克新鲜猪血，加入少量柠檬酸钠抗凝结，放入盛放水50千克的水缸中，再加少量野杂鱼搅匀，以提高诱种蝇能力。然后准备一条破麻袋覆盖缸口，用绳子扎紧，置于室外向阳处升高料温。种蝇可以从麻袋破口处进入缸内，经7～10天即有蛆虫长出。再将0.5千克黄豆用温水浸软，磨成豆浆倒入缸中以补充缸料，再经4～5天后，就可以用小抄网捕大蛆投喂小龙虾；小蛆虫仍然放回缸内继续培养，以后只要勤添豆浆，就可源源不断地收取蛆虫，冬季气温较低时，可加温繁育。

6.水上培育 将长方形木箱固定于水上浮筏，木箱箱盖上嵌入两块可浮动的玻璃，作为装入粪便或鸡肠等的入口，在箱的两头各开一个5厘米×10厘米的长方形小孔，将铁丝网钉在孔的内面，并各开一个整齐的水平方向切口，将切口的铁丝网推向内面形成一条缝，隙缝大小以能钻入苍蝇为度。箱的两壁靠近粪便处各开一个小口，嵌入弯曲的漏斗，漏斗的外口朝水面。在箱盖两块玻璃之间，嵌入一块可以抽出的木板，将木箱分割为二，加粪前先将箱顶一块玻璃遮光，然后将中间隔板抽起。由于蝇类有趋光性，即趋向光亮的一端，再将隔板按入箱内，在无蝇的一端加粪，用此法培育的蛆爬入漏斗后即自动落入水中，供小龙虾食用，比较省事省力。苍蝇只能进入箱内，不能飞出，合乎卫生要求。

（四）黄粉虫的简单培育

黄粉虫，俗称面包虫（图8-15），其幼虫含蛋白质50%，蛹含蛋白质57%，成虫含蛋白质64%，脂肪28%，碳水化合物3%，还含有磷、钾、铁、钠、镁、钙等常量元素和多种微量元素、维生素、酶类物质及动物生长必需的16种氨基酸，用3%～6%的鲜虫可代替等量的国产鱼粉，被誉为“蛋白质饲料宝库”。国内外许多著名动物园都用其作为养殖名贵珍禽、水产的饲料之一，也是小龙虾养殖的主要易得且效果极佳的动物蛋白质。

图8-15 黄粉虫

家庭培育黄粉虫，规模较小，产量很低，可用面盆、木箱、纸箱等容器放在阳台或床下养殖，平时注意防止老鼠，防止苍蝇叮咬，防止鸡啄食。具体的养殖模式有箱养、塑料桶（盆）养、池养和培养房大面积培养四种。

（1）箱养：用木板做成培养箱（长60厘米、宽40厘米、高30厘米），上面钉有塑料窗纱，以防苍蝇、蚊子进入，箱中放一个与箱四周连扣的框架，用10目/厘米规格的筛绢做底，用以饲养黄粉虫，框下面为接卵器，用木板做底，箱用木架多层叠起来，进行立体生产（图8–16）。

图 8–16　箱养黄粉虫

（2）塑料桶、塑料盆养：大小塑料桶和塑料盆均可，但要求内壁光滑，不能破损起毛边，在桶的1/3处放一层隔网，在网上层培养黄粉虫，下层接虫卵，桶上加盖窗纱罩牢（图8–17）。

图8–17　塑料盆养黄粉虫

（3）池养：用砖石砌成大小1平方米，高0.3米的池子，内壁要求用水泥抹平，防止黄粉虫爬出外逃。

（4）培养房大面积培养：通常采用立体式养殖，即在室内搭设上下多层的架子，架上放置长方形小盘（长60厘米、宽40厘米、高15厘米），在盘内培养黄粉虫，每盘可培养幼虫2～3千克（图8–18）。

图 8–18　培养房大规模养殖

（五）田螺的培育

田螺属于软体动物门、腹足纲、田螺科，是一种淡水腹足类（图8-19）。由于田螺含肉率较高，养殖容易，增殖快速，是一种优质的动物性饵料，是小龙虾、河蟹、黄鳝、甲鱼等特种水产品喜食的优质活饵料。

图8-19　田螺

人工养殖田螺投资少、管理方便、技术简单、效益较高，因而有计划地发展田螺养殖，既可满足市场需求，又能为特种水产品提供大量优质饵料。

人工养殖田螺，既可开挖专门的养殖池，也可利用稻田、洼地、平坦沟渠、排灌池塘等养殖。专门的养殖池应选择水源有保障，管理方便，没有化肥、农药、工业废水污染的地方。利用稻田养殖，既不能施肥，又不能犁耙，在进出水口安装铁丝或塑料隔网，以便进行控制。养殖池最好专池专养，分别饲养成螺、亲螺和幼螺，一般要求池宽15米，深30～50厘米，长度因地制宜，以便于平时的日常管理和收获时的捕捞操作。养殖池的外围筑一道高50～80厘米的土围墙，分池筑出高于水面20厘米左右的堤埂，以方便管理人员行走。池的对角应开设一排水口和一进水口，使池水保持流动畅通；进出水口要安装铁丝网或塑料网，防止田螺越池潜逃，养殖池里面要有一定厚度的淤泥。在放养前一周，要先培育天然饵料，方法是用鸡粪和切碎的稻草按3∶1的比例制成堆肥，每平方米投放1.5千克作为饵料生物培养床，同时适当在池内种植茭白、水草或放养紫背浮萍、绿水芜萍、水浮莲等，水下设置一丝木条、竹枝、石头等隐蔽物，以利于田螺遮阴避暑、攀爬栖息，为田螺提供天然饵料，提高养殖经济效益。

1.投放密度　人工养殖田螺，必须根据实际灵活掌握种螺的投放密度。一般情况下，在专门养成螺的池内，密度可以适当大一些，每平方米放养种螺150～200个；如果只在自然水域内放养，由于饵料因素，每平方米投放20～30个种螺即可。

2.饵料投喂　田螺的食性很杂，人工养殖除由其自行摄食天然饵料外，还应当适当投喂一些青菜、豆饼、米糠、番茄、土豆、蚯蚓、昆虫、鱼虾残体，以及其他动物内脏、畜禽下脚料等。各种饵料均要求新鲜、不变质、富有养分。仔螺产出后2～3周即可开始投饵。田螺摄食时，因靠其舌舔食，故投喂时，应先将固体饵料泡软，把鱼杂、动物内脏、屠宰下脚料及青菜等剁碎，最好煮熟成糜状物，再用米糠或豆饼、麦麸充分搅拌均匀后分散投喂（即拌糊撒投），以适于舔食的需要。每天投喂一次，投喂时间一般在上午8～9时为宜，日投饵量为螺体重的1%～3%，并随着体重的逐渐增长，视其食量大小而适量调整，酌情增减。对于一些较肥沃的鱼螺混养池则可不必或少投饵料，让其摄食水体中的天然浮游动物和水生植物。

3.注意科学管理　人工养殖田螺时，平时必须注意科学管理，才能获得好的收成（图8-20）。

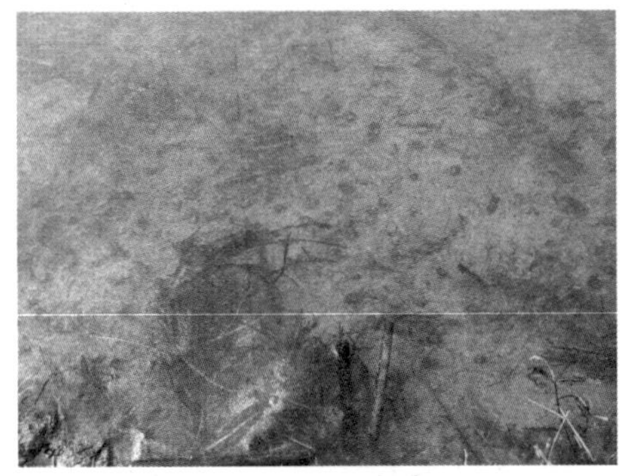

图 8-20　田螺的培育

（1）注意观测水质水温：田螺的养殖管理工作，最重要的是要管好水质、水温，视天气变化调节、控制好水位，保证水中有足够的溶解氧量，这是因为田螺对水中溶解氧很敏感。据测定，当水中溶解氧在3.5毫克/升以下时，田螺摄食量明显减少，食欲下降；当水中溶解氧降到1.5毫克/升以下时，田螺就会死亡；当溶解氧在4毫克/升以上时，田螺生活良好。所以在夏秋摄食旺盛且又是气温较高的季节，除了提前在水中种植水生植物，以利遮阴避暑外，还要采用活水灌溉池塘即形成半流水或微流水式养殖，以降低水温、增加溶解氧。此外，凡含有强铁、强硫质的水源，绝对不能使用，受化肥、农药污染的水或工业废水要严禁进入池内。渔药五氯酚钠对田螺的致毒性极强，因此禁止使用；水质要始终保持清新、无污染，一旦发现池水受污染，要立即排干池水，用清新的水换掉池内的污水。

（2）注意观察采食情况：在投饵饲养时，如果发现田螺靥片收缩后肉溢出，说明田螺出现明显的缺钙现象，此时应在饵料中添加虾皮糠、鱼粉、贝壳粉等；靥片陷入壳内，为饵料不足饥饿所致，应及时增加投饵量，以免影响生长和繁殖。

（3）加强螺池巡视：田螺有外逃的习性，在平时要注意加强螺池的巡视，经常检查堤围、池底和进出水口的栅闸网，发现裂缝、漏洞，及时修补、堵塞，防止漏水和田螺逃逸。同时要采取有效措施预防鸟、鼠等天敌伤害田螺；注意养殖池中不要混养青鱼、鲤鱼、鲈鱼等杂食性和肉食性鱼类，避免田螺被吞食；越冬种螺上面要盖层稻草以保温保湿。

4.田螺的捕捞 人工养殖的田螺，产出后三个月即可达2～3克/只，当年成螺可达到10～15克/只，这样大小的田螺，肉质肥美鲜嫩，可陆续分批起捕上市。起捕时采取捕成螺留幼螺的做法，但必须注意，在田螺怀胎产仔的三个月，即每年的6月上旬、8月中旬和9月下旬，暂时不必起捕或有选择地起捕已产仔的成螺，多留怀胎母螺以供繁殖再生产。一般每年可留20%左右作为来年的种螺；起捕时，先将经过脱脂的米糠与土相拌和，米糠经炒熟喷香后拌和，效果最好，投入水中若干地方，这时田螺就会聚集取食，用手捞起即可。

（六）福寿螺的培育

福寿螺又称瓶螺、大瓶螺、南美螺、苹果螺、龙凤螺，是从南美洲引进的一种大型淡水螺类，也是最佳的动物性鱼粉替代品（图8-21）。人工养殖特种水产品如小龙虾、甲鱼、黄鳝、牛蛙、河蟹、虾、水貂等，福寿螺

图8-21 福寿螺

也是最佳的动物性高蛋白动物饲料源之一。

福寿螺的养殖方式多种多样，一般常见水域及水体都可进行养殖，既可从小螺到成螺一起养殖，也可分阶段养殖。在幼螺阶段可以用小池、缸盆饲养，成螺阶段可以在水泥池、缸等小水体中饲养，也可在池塘、沟渠、稻田中饲养。我国华北地区饲养3～4个月，平均体重可达70克以上；而在南方养殖一年可长到200克左右，最大个体达400～600克。通常在池塘中专池饲养亩产可达5吨左右，产值和效益也比较可观。

1.水泥池精养　水泥池精养的优点一是单位面积的产量高，二是易管理。若水泥池较多时，可配套排列分级养殖。水泥池精养时的放养密度应根据种苗大小和计划收获规格而定，一般初放密度每平方米总体重不宜大于1千克，最后可收获5千克左右。

2.小土池精养　小土池精养的优点一是成本低，二是产量高，三是管理方便。小土池精养的放种密度应比水泥池精养密度小，小土池养福寿螺，生长速度比水泥池养殖稍快，且水体质量容易控制，是目前的主要养殖模式。

3.池塘养殖　池塘水面较开阔，水质较稳定，故池塘养殖福寿螺生长速度快，产量高，亩产高的可超过5吨。为了方便管理，养殖福寿螺的池塘，面积不宜太大，水位不宜过深，一般面积以1～2亩为宜，水深在1米较适合。养殖密度可大可小，故每亩可放养小螺5万～10万粒，可实行一次放足，多次收获，捕大留小，同时创造良好的环境，促进其自然繁殖，自然补种。

4.网箱养殖　在水面较大、水质较好的池塘或湖泊、水库里，架设网箱养螺。由于网箱环境好，水质清新，故螺生长快，单产高，还具有易管理、易收获的优点。其放养密度可比水泥池稍大，每平方米的放养量可超过1.1千克，收获时的产量可超过6千克。网箱的网目大小以不走幼螺为度，一般用10目的网片加工而成，养螺的深度设置可低于网箱养鱼的深度，箱高50厘米为好，在网箱里可布设水花生、水浮莲等水生植物。

5.水沟养殖　养殖福寿螺的水沟，以宽1米、深0.5米为好，可利用闲散杂地开挖沟渠养螺，也可利用瓜地、菜地、园地的浇水沟养殖福寿螺。新开挖用于养螺的水沟要做好水源的排灌改造，做到能灌能排，同时也要做好防逃设施。开好沟后，用栅栏把沟拦成几段，以方便管理，沟边可以种植瓜、菜、豆、草等，利于夏季遮阴。也可充分利用空间，增加收入。利用水沟养螺的优点是投资少，产量较高，其放养密度与小土池精养时放养密度相当。

图 8-22　稻田养殖的福寿螺产卵

6.稻田养殖　稻田养殖福寿螺，可以增加土地肥力（图8-22），具体做法分为三种，一种是稻螺轮作，即种一季稻养一季螺；二是稻螺兼作，即在种稻的同时又养螺，水稻起遮阴作用，使螺有一个良好的生活空间；三是变稻田为螺田，常年养螺。

（七）河蚬的培育

河蚬又称黄蚬、蚬子，是一种淡水双壳类动物，广泛分布于我国湖泊、江河中，是小龙虾、河蟹、黄鳝、甲鱼等特种水产动物所喜食的优质饵料。目前主要来自于江河湖泊中的天然捕捞，由于其含肉率高，饲养简单，因此大规模培育河蚬（图8-23），可为特种水产动物提供优质饵料。

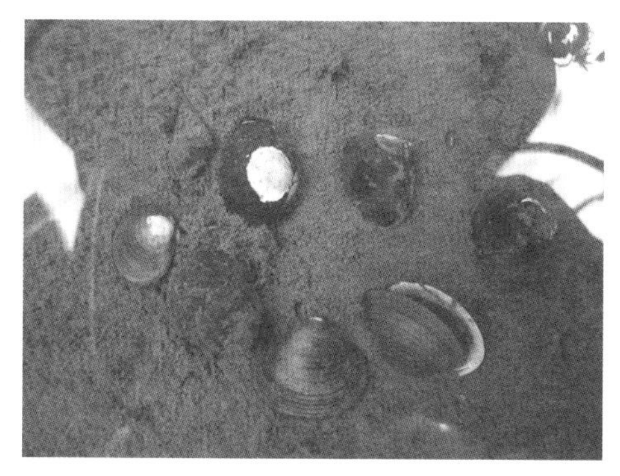

图 8-23　河蚬

1.培育池的建造　河蚬培育池应建在水源排灌方便，水质无污染，特别是无农药和化肥污染的池塘里，池塘底质淤泥较少，腐殖质不宜过多，以沙质土壤为宜，面积以1～3亩为好，水深以0.8～1.2米为佳。另外，还要建造1～2个幼蚬培育池和亲蚬培育池。

2.亲蚬的来源及繁殖　人工养殖用的河蚬最好是从江河中人工捕捞的成熟河蚬，用铁耙捕起的河蚬由于蚬体受到机械损伤，体质较差，最好不用。每年8月左右是河蚬的繁育旺季，应选择体大而圆（同心圆蚬一般是性腺发育良好的河蚬）的亲蚬放于土池中专门培育，主要投喂一些鱼粉、屠宰下脚料等优质饵料，以促进亲蚬的迅速发育。河蚬交配繁殖后，精卵在水中浮游时相互融合并发育成为受精卵。河蚬为变态发育，它的受精卵在水中发育变态为担轮幼虫和面盆幼虫，不像河蚌那样寄生在鱼体上发育。面盆幼虫营浮游生活，抵抗力较差，生活力较弱，常常成为其他鱼类的腹中美餐，因此面盆幼虫最好单独专池培育。

3.幼体的培育　幼体培育水泥池规格以5米×3米×1米为宜，水深控制在0.6米为佳，在池中投放一些水花生、浮萍等水生植物，以供担轮幼虫和面盆幼虫栖息时用，也可为它们诱集部分天然饵料。日常管理主要是加强水质、水位的控制，要求水质清新，绝对不能施放农药和化肥，投饵主要以煮熟后磨碎的鱼糜为佳，伴以部分黄豆。

4.成蚬的养殖

（1）养殖池的建设：河蚬养殖池不宜太大，一般以3～5亩为宜，进排水方便，池底不能有太多的淤泥，水不能太肥，否则易引起河蚬死亡，水深保持在1米左右。

（2）运输及放养：若从外地购买蚬种时，可将河蚬种苗装入麻袋或草包中带湿低温阴凉运输，为了减少途中死亡，应注意每隔8小时左右洒一次水，保持种苗的湿度，同时注意堆放时不要堆得太多，以免压伤底部的河蚬种苗。在放养前最好先将池水排干，在日光下暴晒10天左右再注入新水，放养时，将整麻袋河蚬轻轻倒入水口，并在水中慢慢拖动麻袋，同时松开袋口，尽量使河蚬不要堆积，能分开为佳。

（3）投放密度：一般第一年饲养河蚬时，每亩可放苗种150千克，由于河蚬在池塘里能不断地繁殖，因此第二年的投放量应降低，

80～100千克即可，河蚬种苗规格为800～3 000个/千克。

（4）投饵与管理：在池塘中养殖时，应及时投饵，通常投喂豆粉、麦麸或米糠，也可施鸡粪和其他农家肥料，有条件的地方在放养初期可投喂部分煮熟并制成糜状的屠宰下脚料，以增强苗种的体质。日常管理主要是池塘中不能注入农药和化肥水，也不宜在池塘中洗衣服，这最容量导致河蚬大批量死亡。

（5）生长：在饲养条件良好的情况下，河蚬生长发育较快，初入塘时，苗种平均重为0.1克左右，饲养1个月可达到0.4～0.5克；3个月可达0.85克；4～4.5个月可达到2.2克；5～6个月可达4克；7～7.5个月可长至5克左右，体重相当于原来苗种的50倍，此时可大量起捕。

（6）起捕：起捕河蚬时，由于受到惊动，河蚬便栖息在淤泥中，因而可用带网的铁耙捕起后，再用铁筛分出大小，将大的捕出待用，个体较小的最好即时放回原池中继续饲养，注意受伤的河蚬必须捞起用药浴处理后再放养。值得注意的是，河蚬池中可以套养鲢鱼、鳙鱼、草鱼，但不能与青鱼、鲤鱼等肉食性鱼类混养，还应防止特种水产如河蟹、黄鳝的捕食。

技巧九 蜕壳保护是成功养虾的保障

一、小龙虾的蜕壳

蜕壳不仅是小龙虾发育变态的一个标志，也是其个体生长的一个必要步骤。这是因为小龙虾是甲壳类动物，身体有甲壳包裹，只有随着不断地蜕壳，才能发生形态的改变和体型的增大，进而才能增长体重。

小龙虾的蜕壳伴随着它的一生，没有蜕壳就没有小龙虾的生长（图9-1）。小龙虾蜕壳时，通常潜伏在水草丛中，不久在头胸甲与腹部交界处产生裂缝，并在口部两侧的侧线处也出现裂缝，这时它的尾部会慢慢地扇动，裂缝越来越大，束缚在旧壳里的新体逐渐显露于壳外，先是尾部出来，接着是腹部蜕出，然后头胸甲逐渐向上耸起，最后额部和螯足才蜕出。小龙虾在蜕去外壳的同时，它的内部器官，如胃、鳃、后肠以及三角膜也要蜕去几丁质的旧皮，全部更新。

图 9-1　刚蜕壳的小龙虾

二、蜕壳保护的重要性

小龙虾只有蜕壳才能长大，蜕壳是小龙虾生长的重要标志，它们也只有在适宜的蜕壳环境中才能正常顺利蜕壳。在蜕壳时它们要求浅水、弱光、安静、水质清新的环境和营养全面的优质适口饵料。如果不能满足上述生态要求，小龙虾就不易蜕壳或造成蜕壳不遂而死亡。

小龙虾正在蜕壳时，常常静伏不动，如果受到惊吓或者虾壳受伤，蜕壳时间就会大大延长，如果蜕壳发生障碍，就会引起死亡（图9-2）。小龙虾蜕壳后，在旧壳里的新体舒张开来，机体组织需要吸水膨胀，体型随之增大。此时其身体柔软，肢体软弱无力，活动能力较弱，俗称软壳虾，需要在原地休息半小时左右，才能爬动。钻入隐蔽处或洞穴中，1天后，随着新壳的逐渐硬化，才开始正常的活动。而软壳虾极易受同类或其他敌害生物的侵袭。所以说，每一次蜕壳，对小龙虾来说都是一次生死难关。特别是每一次蜕壳后的半小时，小龙虾完全丧失抵御敌害和回避不良环境的能力。在人工养殖时，促进小龙虾同步蜕壳和保护软壳虾是提高小龙虾成活率的关键技术之一，也是减少疾病发生的重要举措。

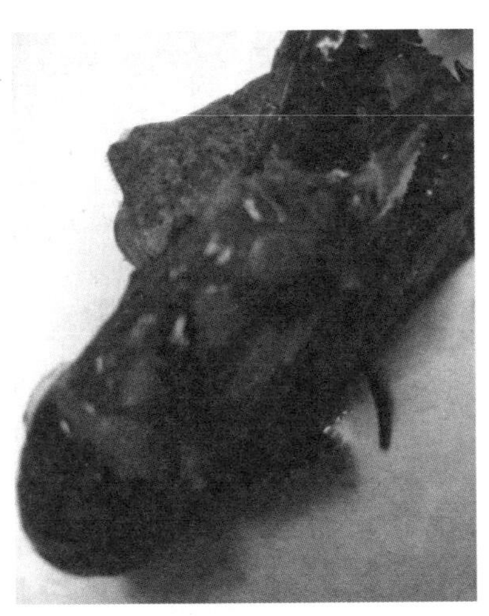

图 9-2　蜕壳受到影响死亡的小龙虾

三、蜕壳不遂的原因及处理

影响小龙虾蜕壳的因素很多，包括水温、饵料、生长阶段等。在适宜的生长温度范围内，温度越高，它的蜕壳经历时间越短，蜕壳过程越顺利，蜕壳时间间隔也越短，生长速度也越快。饵料供应不足、水温下降、生态环境恶化也会影响小龙虾的蜕壳次数。

我们在养殖过程中，常常发现有些小龙虾会出现蜕壳难、蜕下的壳很软，甚至在蜕壳过程中就会死亡。

1.蜕壳不遂　小龙虾行动迟钝，在小龙虾的头胸部、腹部出现裂痕，无力蜕壳或仅退出部分虾壳，最后全身变成黑色，最终死亡。在池水四周或水草上常可以发现这些死虾（图9–3）。

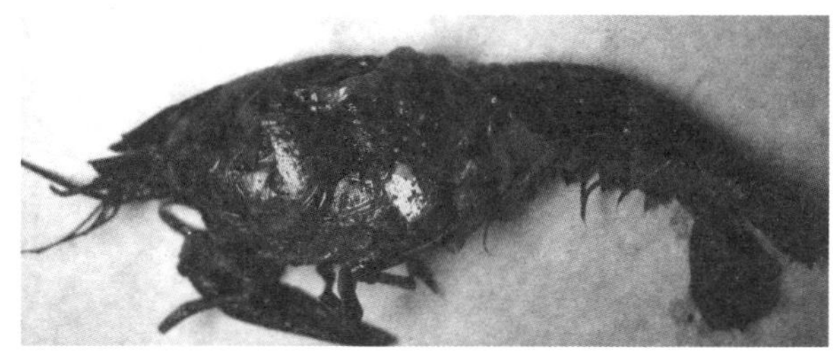

图 9–3　蜕壳不遂的小龙虾

2.发生蜕壳不遂的原因

（1）水的环境对蜕壳的影响。

1）水中钙不足：钙是小龙虾蜕壳所必需的物质基础，小龙虾在蜕壳时需要通过水体吸收大量的钙，如果水中钙不足，不能为小龙虾提供新壳所需要的钙，那么就会使小龙虾蜕壳不遂。

2）干扰大：主要体现在稻田里的小龙虾放养密度过大，造成它们相互干扰大，因为小龙虾蜕壳时需要一个相对安静的环境和独立的空间，既不能被别的生物所侵袭，也不能有别的同伴干扰。一旦相互干扰大，一是会造成小龙虾蜕壳时紧张，二是会使蜕壳时间延长，或者蜕不出而死亡。

3）水温突变：小龙虾在蜕壳时体质是最虚弱的时候，这个时候需要相对安静平和的环境。如果水体温度变化过大，会让它产生应激性反应而无力蜕壳，另外过低或过高的温度也会阻碍蜕壳。

4）私密性差：主要体现在秧苗尚未栽插时，自然光照太强，稻田里水的透明度太大，尤其是田间沟里的透明度过大，清晰见底，阳光直射到田间沟的底部会让小龙虾感到私密性差，没有安全感，从而整天在稻田里乱游而不蜕壳（图9–4）。

图 9-4　私密性差会影响小龙虾的蜕壳

5）水质不良，底质恶化：当稻田里（主要是田间沟）长期不换水，残饵过多，水质差，有机质含量高，导致稻田长期处于低溶解氧状况下，或夜间溶解氧偏低，水底有害物质过多，小龙虾处于高度应激状态，无力蜕壳。

（2）小龙虾自身的影响。

1）营养不足，体质虚弱：小龙虾在蜕壳时需要自身提供大量的能量，而这些能量要靠营养物质来转化。而长期投喂饵料不足导致小龙虾处于饥饿状态；或投喂的饲料质量差，饲料营养不均衡，缺乏钙、磷等微量元素、甲壳素、蜕壳素或原料质量低劣或变质，造成小龙虾生理性蜕壳障碍，从而导致小龙虾摄食后不足以用来完成蜕壳行为。所以在小龙虾要蜕壳前，最好饲喂高动物蛋白饵料。

2）病虫害影响蜕壳：小龙虾得病后，尤其是纤毛虫等寄生虫大量滋生，寄生在小龙虾的甲壳表面，导致小龙虾的进食减少，体质虚弱，蜕壳时体力衰竭，轻则无力蜕壳，重则导致死亡。最明显的就是小龙虾患上了纤毛虫时，会导致壳蜕不掉或者是蜕壳很难。另外，当病菌侵染小龙虾的鳃、肝脏等器官，就会造成内脏病变，无力蜕壳而死亡。

3）小龙虾的体质失衡：一是小龙虾体内β-蜕皮激素分泌过少，表现在旧壳仅脱出一半就会死亡或脱出旧壳后身体反而缩小；二是在养殖过程中乱用抗生素、滥用消毒药等，从而影响了蜕壳。

3.处理措施

（1）保证水体中的钙元素充分，生长季节定期泼洒硬壳宝或石灰水等来调节，增加水体钙、磷等微量元素含量，平时每15天使用1次，也可一周用一次专门促进小龙虾蜕壳的含钙质丰富的药物，使水中钙元素充足，也可让蜕壳后的小龙虾壳能短时间变硬，安全度过危险期。

（2）蜕壳期间严禁加换水，不用刺激性强的药物，保持环境稳定。

（3）改善营养，补充矿物质，让小龙虾有个好的体质来蜕壳。平时在饲料中添加适量小龙虾复合营养促进剂及蜕壳素及贝壳粉、骨粉、鱼粉等含矿物质较多的物质，增加动物性饲料的比例（占总投饲量的1/2以上），促进营养均衡是防治此病的根本方法。

（4）定期杀菌消毒，减少小龙虾在蜕壳时病虫害对它的影响，定期泼洒15～20毫克／升的生石灰和1～2毫克／升的过磷酸钙，生石灰要兑水溶化后再泼洒，也建议用温和些的碘制剂，对小龙虾刺激性小，让它更顺利地度过蜕壳期。

（5）在田间沟里一定要栽植适量水草，便于小龙虾攀缘和蜕壳时隐蔽（图9-5）。

图 9-5　适量栽种水草是一种非常好的措施

四、软壳虾出现的原因及处理

1.软壳虾的特点　软壳虾的甲壳薄，明显柔软，不能硬化，与肌肉分离，易剥离，体色发暗。由于小龙虾的壳软，一方面没有能力捕食其他的食物，另一方面对其他敌害甚至同类的攻击没有抵御能力，从而造成大量的损失。

2.软壳虾形成的原因

（1）投饵不足或营养长期不足，小龙虾长期处于饥饿状态。

（2）稻田里的水质老化，有机质过多，或放养密度过大，从而引起小龙虾的软壳病。

（3）小龙虾缺少钙及维生素，导致蜕壳后不能正常硬化。

（4）被纤毛虫寄生的小龙虾有时亦可出现软壳虾。

3.处理措施

（1）适当加大换水量，改善养殖水质。

（2）供应足够的优质饲料，平时在饲料中添加足量的磷酸二氢钙。

（3）施用复合芽孢杆菌250毫升/亩，促进有益藻类的生长，并调节水体的酸碱度。

（4）全池泼洒硬壳宝1～2次，补充钙及其他矿物质的含量。

五、确定小龙虾蜕壳的方法

要想对蜕壳虾进行有效的保护，就必须掌握小龙虾蜕壳的时间和规律。下面介绍几种实用的确定小龙虾蜕壳的方法，供养殖户参考。

1.看空壳 在小龙虾养殖期间，要加强对稻田的巡视尤其是田间沟的水草边，主要是多看看稻田里的蜕壳区、浅水的水草边和浅滩处是否有蜕壳后的空虾壳，如果发现有空壳出现，就表明小龙虾蜕壳了。

2.检查小龙虾吃食情况 小龙虾总是在蜕壳前几天吃食迅猛，目的是为后面的蜕壳提供足够的能量，但是到了即将蜕壳的前一两天，小龙虾基本上不吃食。如果在正常投饵后，发现近两天饵料的剩余量大大增加，在对小龙虾检查后并没有发现疾病发生，也没有出现明显的水质恶化，那就表明小龙虾即将大量蜕壳。

3.检查小龙虾体色 蜕壳前的小龙虾壳很坚硬，体色深，呈黄褐色或黑褐色，步足硬，腹甲黄褐色的水锈也多。而蜕壳后，小龙虾体色变得鲜亮清淡，腹甲白色，无水锈，步足柔软。

六、小龙虾的蜕壳保护

小龙虾在蜕壳的进程中和刚蜕壳不久，尚无御敌能力，是生命中的危险时刻，养殖过程中一定要注意这一点，设法保护软壳虾的安全。

（1）为便于加强对蜕壳虾的管理，可通过投饵、换水等措施，促进小龙虾的蜕壳。

（2）为小龙虾蜕壳提供良好的环境，给予其适宜的水温、隐蔽场所和充足的溶解氧。

（3）放养密度合理，以免因密度过大而造成相互残杀。

（4）要经常在饲料里投含有钙质和蜕壳素的配合饲料，增加动物性饵料的数量，保持饵料的喜食性和充足性，以避免因饲料不足而残食软壳虾。

（5）小龙虾蜕壳时喜欢在安静的地方或者隐蔽的地方，因而稻田里尤其是田间沟里需有足够的水草，如果水草不多的话，可以提供一些水花生、水浮莲等作为蜕壳场所，保持水位稳定（图9-6）。

图 9-6　加强对蜕壳小龙虾的保护

技巧十 水稻栽培与管理是稳粮丰虾的基础

一、水稻栽培技术

（一）水稻的适宜种植方式

在稻田养殖小龙虾时，水稻的适宜栽种方式有四种：第一种是手工栽插，第二种是采用抛秧技术。综合多年的经验和实际用工以及栽秧时对小龙虾的影响因素，我们建议采用免耕抛秧技术。第三种是直播水稻，虽然直播水稻的用工少，花费也少，但是由于水稻在田里的生长时间太长而影响了小龙虾的生长，降低了养殖效益，因此我们还是建议不要采用直播水稻的方式。第四种是采用新的技术，就是钵毯苗大秧机插，这种方式由于秧苗期在育苗钵盘中的生长时间长，在稻田里的时间相对就短了，从而人为地延长了小龙虾的生长时间，更重要的是钵苗的秧苗大，根系发达，既可以浅水栽也可以深水栽，因此对小龙虾的影响较小，现在小龙虾的养殖区正在慢慢地推广这种技术。

稻田免耕抛秧技术是指不改变稻田的形状，在抛秧前未经任何翻耕犁耙的稻田，待水层自然落干或排浅水后，将钵体软盘或纸筒培育出的带土块秧苗抛栽到大田中的一项新的水稻耕作栽培技术，这是免耕抛秧的普遍形式，也是非常适用于稻虾连作共生的模式，是将稻田养虾与水稻免耕抛秧技术结合起来的一种稻田生态种养技术。

水稻免耕抛秧在稻虾连作共生的应用结果表明，该项技术具有省工节本、减少栽秧对小龙虾的影响和耕作对环沟的淤积影响、提高劳动生产率、缓和季节矛盾、保护土壤和增加经济效益等优点，深受农民欢迎，因而应用范围和面积不断扩大。

另外，对于种养面积不同的经营者来说，采取的水稻种植方式也有一定区别，小户可以自己育秧移栽，可以用插秧机。而对于一些土地流转的大户来说，有些稻田面积虽大但土地不平坦，严重制约稻谷的移植，应该以直播为主，插秧机为辅。

（二）选择水稻品种的要求

由于免耕抛秧具有秧苗扎根较慢、根系分布较浅、分蘖发生稍迟、分蘖速度略慢、分蘖数量较少等生长特点，加上养虾稻田一般只种一季稻，选择适宜的高产优质杂交稻品种是非常重要的。水稻品种要选择分蘖及抗倒伏能力较强，叶片开张角度小，叶片修长、挺直，根系发达，茎秆粗壮，抗病虫害，抗倒伏，耐肥性强的紧穗型且穗型偏大的高产优质杂交稻组合品种，生育期一般以135～140天的品种为宜。

由于稻虾连作小龙虾适宜的投放时间在当年的8月中旬至9月25日，起捕时间集中在翌年3月20日至6月10日，也就是说，中稻要栽得迟、收得早，所以稻虾连作稻田应选择生育期短的早中熟中稻品种，如杂交粳稻9优418（天协1号）、杂交籼稻徽两优6号、丰两优6号、皖稻181、中浙优608、Q优108、培两优288、Ⅱ优63、D优527、两优培九、川香优2号、深优862等。

为了确保水稻的生长和小龙虾的养殖两不误，一定要注意三点，一是水稻的生长期不能超过140天，在稻田里的生长期控制在100天以内；二是栽秧最迟不要超过6月15日，收割最好能在9月25日前结束；三是如果采用抛秧或直播法，一定要将秧龄期算在内，小龙虾收获时间也要提前20天左右。

（三）水稻育苗前的准备工作

1.苗床地的选择 免耕抛秧育苗床地比一般育苗要求要略高一些，在苗床地的选择上要求选择没有被污染且无盐碱、无杂草的地方。由于水稻的苗期生长离不开水，因此要求苗床地的进排水良好且土壤肥沃，在地势上要平坦高燥、背风向阳，四周要有防风设施的环境条件。

2.育苗面积及材料 根据以后需要抛秧的稻田面积来计算育苗的面积，一般按1：（80～100）的比例进行，也就是说育1亩地的苗可以满足80～100亩的稻田栽秧需求。

育苗用的材料有塑料棚布、架棚木杆、竹皮子、每公顷400～500

个秧盘（钵盘），另外还需要浸种灵、食盐等育秧大棚，如图10-1所示。

图10-1　育秧大棚

3.苗床土的配制　苗床土的配制原则是要求床土疏松、肥沃，营养丰富、养分齐全，手握时有团粒感，无草籽和石块，更重要的是要求配制好的土壤渗透性良好、保水保肥能力强、偏酸性等。

（四）水稻种子的处理

1.晒种　选择晴天，在干燥平坦地上平铺席子或在水泥场摊开，将种子放在上面，厚度3.3厘米，晒2～3天，为的是提高种子活性，这里有个小技巧，就是白天晒种，晚上再将种子装起来；另外，在晒的时候要经常翻动种子。

2.选种　这是保证种子纯度的最后一关，主要是去除稻种中的瘪粒和秕谷，种植户自己可以做好处理工作。先将种子下水浸6小时，多搓洗几遍，捞除瘪粒。去除秕谷的方法也很简单，就是用盐水选种。方法是先将盐水按1：13配制待用。根据计算，一般可用约144千克水加12千克盐就可以制备出来，用鲜鸡蛋进行盐度测试，鸡蛋在盐水液中露出水面5分硬币大小就可以了。再把种子放进盐水液中，就可以去掉秕谷，捞出稻谷洗2～3遍就可以了。

3.浸种消毒　浸种的目的是使种子充分吸水，有利发芽；消毒的目的是通过对种子发芽前的消毒，来防治恶苗病的发生概率。目前在农业生产上用于稻种消毒的药剂很多，平时使用较为普遍的就是恶苗净（又称多效灵）。这种药物对预防发芽后的秧苗恶苗病效果极好，使用方法也很简单，取本品一袋（每袋100克），加水50千克，搅拌均匀，然后浸泡稻种40千克，在常温下浸种5～7天就可以了（气温高浸短些，气温低浸长些），浸后不用清水洗可直接催芽播种。

（五）水稻种子的催芽

催芽是稻虾连作共作的一个重要环节，就是通过一定的技术手段，人为地催促稻种发芽，这是确保稻谷发芽的关键步骤之一。生产实践表明，在28～32℃温度条件下进行催芽时，能确保发出来的苗芽整齐一致。一些大型的种养户现在都有了催芽器，用催芽器进行催芽效果最好。对于一般的种养户来说，没有催芽器，也可以通过一些技术手段来达到催芽的目的，常见的可在室内地上、火炕上或育苗大棚内催芽，效果也不错，经济实用。

下面以一般的种养户来说明催芽的具体操作。第一步是先把浸种好的种子捞出，自然沥干。第二步是把种子放到40～50℃的温水中预热，待种子达到温热（约28℃）时立即捞出。第三步是把预热处理好的种子装到袋子中（最好是麻袋），放置到室内垫好的地上（地上垫30厘米稻草，铺上席子）或者垫好的火炕上，种子袋上盖上塑料布或麻袋。第四步是加强观察，在种子袋内插上温度计，随时看温度，确保温度维持在28～32℃，同时保持种子的湿度。第五步是每隔6小时将装种子的袋子上下翻倒一次，使种子温度与湿度尽量上下、左右保持一致。第六步是晾种，这是因为种子在发芽的过程中产生大量的二氧化碳，使袋子内部的温度自然升高，稍不注意就会因高温烤坏种子，所以要特别注意。一般2天时间就能发芽，当破胸露白80%以上时就开始降温，适当晾一晾，芽长1毫米左右时就可以用来播种。

（六）水稻种子播种前的工作

1.架棚、做苗床　一般用于水稻育苗棚的规格是宽5～6米，长20米，每棚可育秧苗100平方米左右。为了更好地吸收太阳的光照，促进秧苗的生长发育，架设大棚时以南北向较好。

可以在棚内做两个大的苗床，中间步道宽30厘米，四周为排水沟，便于及时排出过多的雨水，防止发生涝渍（图10-2）。每平方米施腐熟农肥10～15千克，浅翻

图 10-2　架棚、做苗床

8～10厘米，然后搂平，浇透底水。

2.播种时期的确定　应根据当地当年的气温和品种熟期确定适宜的播种日期。这是因为气温决定了稻谷的发芽率，而水稻发芽最低温为10～12℃，因此只有当气温稳定通过5～6℃时方可播种，时间一般在4月上中旬左右。

3.播种量的确定　播种量多少直接影响到秧苗素质，稀播能促进培育壮秧。旱育苗每平方米播量干籽150克，芽籽200克；机械播秧盘育苗每盘100克芽籽，钵盘育苗每盘50克芽籽。超稀植栽培每盘播35～40克催芽种子。总之，播种量一定严格掌握，不能过大，对育壮苗和防止立枯病极为有利。

（七）水稻的播种方法

1.隔离层旱育苗播种　稻谷浇透水后置床上铺打孔（孔距4厘米，孔径4毫米）塑料地膜，接着铺2.5～3厘米厚的营养土，每平方米浇1 500倍敌克松液5～6千克，盐碱地区可浇少量酸水（pH值为4），然后用手工播种。播种要均匀，播后轻轻压一下，使种子和床土紧贴在一起，再均匀覆土1厘米，然后用苗床除草剂封闭。播后在上边再平铺地膜，以保持水分和温度，以利于整齐出苗。

图10-3　秧盘育秧播种

2.秧盘育苗播种　秧盘（长60厘米，宽30厘米）育苗每盘装营养土3千克，浇水0.75～1千克，播种后每盘覆土1千克，置床要平，摆盘时要盘盘挨紧，然后用苗床除草剂封闭，上面平铺地膜（图10-3）。

3.采用孔径较大的钵盘育苗播种　钵盘规格目前有两种，一是每盘有561个孔，另一种是每盘有434个孔。目前常规耕作抛秧育苗所用的塑料软盘或纸筒的孔径都较小，育出的秧苗带土少，抛到免耕大田中秧苗扎根迟、立苗慢、分蘖迟且少，不利于秧苗的前期生长和小龙虾及时进入大田生长。因此，我们在进行稻虾连作共生精准种养时，宜改用孔径较大的钵盘育苗，可提高秧苗素质，有利于促进秧苗的扎根、立苗及叶面积发展、干物质积累、有效穗数增多、粒数增加及产量的提高。由于后一种育苗钵盘的规格能育大苗，因此提倡用434个孔的钵盘，每亩大田需用塑盘42～44个；育苗纸筒的孔径为2.5厘米，每亩大田需用纸筒4册（每册4 400个孔）。播种的方法是先将营养床土装入钵盘，浇透底水，用小型播种器播种，每孔播2～3粒（也可用定量精量播种器），播后覆土刮平。

（八）秧田的管理

俗话说“秧好一半稻”。育秧的管理技巧是要稀播，前期干，中期湿，后期上水，培育带蘖秧苗，秧龄30～40天，可根据品种生育期长短、秧苗长势而定。因此，秧苗管理要求管得细致，一般分四个阶段进行。

第一阶段是从播种至出苗时期。这段时间主要是做好大棚内的密封保温、保湿工作，保证出苗所需的水分和温度，要求大棚内的温度控制在30℃左右，如果超过35℃时就要及时打开大棚的塑料薄膜，达到通风降温的目的。这一阶段的水分控制是重点，如果发现苗床缺水时就要及时补水，确保棚内的湿度达到要求。在这一阶段，如果发现苗床的底水未浇透，或苗床有渗水现象时，就会经常出现出苗前芽有干枯现象。一旦发现苗床里的秧苗出齐后就要立即撤去地膜，以免发生烧苗现象（图10–4）。

图 10–4　注意避免发生烧苗现象

第二阶段是从出苗开始到出现1.5叶期。在这个阶段，秧苗对低温的抵抗能力是比较强的，管理的重心是注意床土不能过湿，因为过湿的土壤会影响秧苗根的生长。因此，在管理中要尽量少浇水；另外就是温度一定要控制好，适宜控制在20～25℃，在高温晴天时要及时打开大棚的塑料薄膜，通风降温。

当秧苗长到1叶1心时，要注意防治立枯病，可用立枯一次净或特效抗枯灵药剂，使用方法为每袋40克兑水100～120千克，浇施40平方米秧苗。如果播种后未进行药剂封闭除草，1叶1心期是使用敌稗草的最佳时期，用20%敌稗乳油兑水40倍于晴天无露水时喷雾，用药量每亩1千克，施药后棚内温度控制在25℃左右，半天内不要浇水，以提高药效。另外，这一阶段还要防止苗枯现象或烧苗现象的发生。

第三阶段是从1.5叶到3叶期。这一阶段是秧苗的离乳期前后，也是立枯病和青枯病的易发生期，更是培育壮秧的关键时期，所以这一时期的管理工作千万不可放松。这一阶段秧苗的特点是对水分最不敏感，但是对低温抗性强。因此我们在管理时，将床土水分控制在一般旱田状态，平时保持床面干燥就可以了。只有当床土有干裂现象时才能浇水，这样做的目的是促进根系发达，生长健壮。棚内的温度可控制在20～25℃，在遇到高温晴天时，要及时通风炼苗，防止秧苗徒长（图10-5）。

图 10-5　及时炼苗

在这一阶段有一个最重要的管理工作不可忘记，就是要追一次离乳肥，每平方米苗床追施硫酸铵30克，兑水100倍喷浇，施后用清水冲洗一次，以免化肥烧叶。

第四阶段是从3叶期开始直到插秧或抛秧。水稻采用免耕抛秧栽培时，要求培育带蘖壮秧，秧龄要短，适宜的抛植叶龄为 3～4 片叶，一般不要超过4~5片叶。抛后大部分秧苗倒卧在田中，适当的小苗抛植，有利于秧苗早扎根，较快恢复直生状态，促进早分蘖，延长有效分蘖时间，增加有效穗数。这一时期的重点是做好水分管理工作，因为这一时期不仅秧苗本身的生长发育需要大量水分，而且随着气温的升高，蒸发量也大，培育床土也容易干燥，因此浇水要及时、充分，否则秧苗会干枯甚至死亡。由于临近插秧期，这时外部气温已经很高，基本上达到秧苗正常生长发育所需的温度条件，所以大棚内的温度宜控制在25℃以内。中午时再全部掀开大棚的塑料薄膜，保持大通风，棚裙白天可以放下来，晚上外部在10℃以上时可不盖棚裙。为了保证秧苗进入大田后的快速返青和生长，一定要在插秧前3～4天追一次“送嫁肥”，每平方米苗床施硫酸铵50～60克，兑水100倍，然后用清水冲洗一次。还有一点需要注意的是，为了预防潜叶蝇，在插秧前用40%乐果乳液兑水800倍在无露水时进行喷雾。插前人工拔一遍大草。

（九）抛秧移植操作

1.施足基肥 科学配方施肥，增施有机肥。亩产600千克时，一般亩施纯氮15千克，磷、钾素6～10千克；氮肥中基蘖肥、穗肥比例，籼稻为7：3，粳稻为6：4。养虾稻田基肥要增施有机肥，如亩施腐熟菜籽饼50千克等；化肥亩施25%三元复合肥50千克、碳酸氢铵25千克或尿素7.5千克。栽后7天亩施分蘖肥尿素10千克。抽穗前18天左右亩施保花穗肥尿素6千克和钾肥5千克。

施用有机肥料，可以改良土壤，培肥地力，因为有机肥料的主要成分是有机质，秸秆含有机质达50%以上，猪、马、牛、羊、禽类粪便等有机质含量达30%～70%。有机质是农作物养分的主要资源，还具有改善土壤的物理性质和化学性质的功能。

2.抛植期的确定 抛植期要根据当地温度和秧龄确定，免耕抛秧适宜的抛植叶龄为3～4片叶，各地要根据当地的实际情况选择适宜的抛植期，在适宜的温度范围内，提早抛植是取得免耕增产的主要措施之一。

提示：抛秧应选在晴天或阴天进行，避免在北风天或雨天中抛秧。抛秧时大田保持泥皮水，水位不要过深。

3.抛植密度 抛植密度要根据品种特性、秧苗秧质、土壤肥力、施肥水平、抛秧期及产量水平等因素综合确定。在正常情况下，免耕抛秧的抛植密度要比常耕抛秧的有所增加，一般增加10%左右。

但是在稻虾连作共生精准种养时，为了给小龙虾提供充足的生长活动空间，我们还是建议和常规抛秧的密度相当，每亩的抛植数，以1.8万～1.9万棵为宜，采取26.4厘米×13.2厘米、29.7厘米×13.2厘米或29.7厘米×13.9厘米等宽行窄株栽插，一般每亩栽足1.7万穴，每穴4～5个茎蘖苗，即每亩6万～8万基本茎蘖苗。

（十）人工移植

在稻虾连作共生精准种养时，我们重点提倡免耕抛秧，当然还可以实行人工秧苗移植，也就是我们常说的人工栽插。

1.插秧时期确定　在进行稻虾连作共生精准种养时，建议在5月上旬插秧（5月10日左右），最迟一定要在5月底全部插完秧，不插6月秧。具体的插秧时间还受到下面几点因素影响。一是根据水稻的安全出穗期来确定插秧时间，水稻安全出穗期间的温度以25～30℃较为适宜，只有保证出穗有适合的有效积温，才能保证安全成熟；资料表明，江淮一带每年以8月上旬出穗为宜。二是根据插秧时的温度来决定插秧时间，一般情况下水稻生长最低温度为14℃，泥温为13.7℃，叶片生长温度是13℃。三是要根据主栽品种生育期及所需的积温量安排插秧期，要保证有足够的营养生长期、中期的生殖期和后期有一定灌浆结实期。

2.人工栽插密度　插秧质量要求是垄正行直，浅播，不缺穴。合理的株行距不仅能使个体（单株）健壮生长，而且能促进群体最大发展，最终获得高产。可采取条栽与边行密植相结合，浅水栽插的方法，插秧密度与品种分蘖力强弱、地力、秧苗素质，以及水源等密切相关。分蘖力强的品种插秧时期早，土壤肥沃或施肥水平较高的稻田，秧苗健壮，移植密度为30厘米×35厘米为宜，每穴4～5棵秧苗，确保小龙虾生活环境通风透气性能好；肥力较低的稻田，移栽密度为25厘米×25厘米；肥力中等的稻田，移栽密度以30厘米×30厘米左右为宜。

3.改革移栽方式　为了适应稻虾连作共生精准种养的需要，我们在插秧时，可以改革移栽方式。目前效果不错的主要有两种改良方式，一种是三角形种植，以30厘米×30厘米～50厘米×50厘米的移栽密度、单窝3棵苗呈三角形栽培（苗距6～10厘米），做到稀中有密，密中有稀，促进分蘖，提高有效穗数；另一种是用正方形种植，也就是行距、窝距相等呈正方形栽培，这样做的目的是可以改善田间通风透光条件，促进单株生长，同时有利于小龙虾的运动和蜕壳生长。

（十一）水稻钵体毯状苗机插秧技术

水稻钵体毯状苗机插技术，针对传统毯状苗机插秧存在的问题，通过钵体毯状秧苗利用专用插秧机按钵精确取秧，实现钵苗机插，秧苗根系带土多，伤秧和伤根率低，栽后秧苗返青快，发根和分蘖早，能充分利用低位节分蘖，有效分蘖多，从而有利于实现高产；同时，按钵苗定量取秧，取秧更准确，机插漏秧率低，机插苗丛间均匀一致，从而有利于高产群体的形成，实现机插高产高效（图10–6）。

图 10-6　水稻钵体毯状苗

1.育苗技术

（1）秧块的标准：宽度27.5~28厘米，厚度2~2.2厘米，长58厘米，其中有14穴×31穴，18穴×36穴。

（2）床土准备：适合的床土通常是经过秋耕、冬翻、春耖的稻田土。严禁在荒草地或当季喷施过除草剂的麦田取土，不提倡使用沙土、白土。每亩大田需备足合格床土的用量有一定标准，杂交稻为50千克（约0.06立方米），粳稻为100千克（约0.12立方米），另备未培肥的素土15~20千克做盖籽土 。

（3）床土培肥：床土的营养影响到秧苗的素质，后期施肥不当会造成肥害烧苗现象。床土建议冬前培肥，亩施氮、磷、钾各45%的复合肥75千克，机械旋耕后过筛堆闷备用。如果是选用机插秧育秧专用肥，600克可拌细土100千克，现拌现用。一般情况下，可以选用基质与营养土混用，可以1∶1或1∶2拌匀，若完全使用基质，盖籽土最好是素土。

（4）床土调酸与pH值：大量的研究表明，床土偏酸对水稻的幼苗生长有利，一般认为床土pH值为5时秧苗生长最健壮，较床土pH值为7时苗干重明显增加，抗逆性也强，并能有效防止黄萎、青枯死苗，特别是在温度较低的情况下育秧，其作用更加明显。

2.做好秧床　根据养虾稻田辅导模式栽种的面积，按比例（1∶80）留足秧板田，按时（播前10天）按标准做好秧板。先上水泡后平整，秧板做好后进行排水晾板，保证床面充分沉实，在播种前2～3天铲高补低，填平裂缝，并充分拍实，达到“实、平、光、直”（图10-7）。

图 10-7　做好秧床

3.播种量的选择　播种量的大小影响到秧块的盘根，秧块的形成，以及秧苗的素质。如果播种量25克/盘，苗期管理需要35～40天；播种量35克/盘，苗期管理需要30～35天；播种量40克/盘，苗期管理需要25～30天；播种量50克/盘，苗期管理需要20～25天。因此，要根据具体的情况确定播种量。

4.苗期管理

（1）要注意苗期的疾病：立枯病是小苗管理期的主要病害，前期叶梢先卷，茎部较软，后期叶枯烂根，速度快，主要是床土没有消毒和气温偏低等引起的。立枯病、青枯病的预防可以通过早晨观察秧苗情况来确定，叶片不吐露水是发病的前兆，可以用65%的敌克松或恶霉灵兑水喷施。

（2）要科学管水：苗期水分管理，要干、湿交替，促进长根、盘根。秧苗在3叶期前正常情况下要保持盘土湿润不发白,含水又透气。若晴天中午秧苗出现卷叶要灌水护苗，雨天放干秧沟水，移栽前3～5天控水炼苗。

（3）要控水炼苗：移栽前3～5天一定要控水炼苗，下雨要加盖农膜，防止床土太湿影响起秧，机插时取秧量加大，造成穴株数过多，无法调整，因此要做到宁干勿潮。

5.机插秧 这种钵苗毯状秧栽插起来与普通的机插秧相比，一是无普通机插伤秧、伤根现象；二是生根快，插后2～3天即长出新根；三是秧苗的根系在钵体中盘结，可以有效地利用钵盘的空间和营养；四是插秧机按钵取秧，根系带土移栽，不破坏钵体结构。

对于这种机插秧来说，还需要做一些调整，主要是钵苗插秧机的调整，包括三个方面：一是株距的调整，根据种植品种和农艺的要求进行调整，建议杂交中籼稻调整为19厘米、21厘米，粳糯稻、常规稻调整为14厘米；二是穴株数的调整， 建议杂交籼稻2～3株/穴，常规稻5～8株/穴；三是插秧深度的调整，可以通过调节手柄和浮板来控制，建议浅栽，一般在1 厘米左右，以秧苗不漂不倒，越浅越好。

二、稻田养小龙虾的管理

（一）水位调节和底质调控

水位调节，是稻田养小龙虾过程中的重要一环，应以水稻为主，兼顾小龙虾的生长要求（图10-8）。小龙虾放养初期，田水宜浅，保持在15厘米左右，但因虾的不断长大和水稻的抽穗、扬花、灌浆均需大量水，所以可将田水逐渐加深到30～35厘米，以确保两者（虾和稻）需水量。在水稻有效分蘖期采取浅灌，保证水稻的正常生长；进入水稻无效分蘖期，水深可调节到30厘米，既增加小龙虾的活动空间，又促进水稻的增产。同时，还要注意观察田沟水质变化，一般每3～5天加注一次新水；盛夏季节每1～2天加注一次新水，以保持田水清新，时间掌握在下午1~3时或下半夜这两个时间段内，有条件的地方应提供微流水养殖。为了保证水源的质量，同时为了保证成片稻田养虾时不相互交叉感染，要求进水渠道最好是单独专用的。

图 10-8　水位要及时调节

底质调控也是非常重要的，主要措施有以下几条：适量投饵，减少剩余残饵沉底；定期使用底质改良剂（如投放过氧化钙、沸石等，投放光合细菌、活菌制剂）。

（二）溶解氧的调节

溶解氧是鱼、虾、蟹等水生动物生存的必要条件，溶解氧影响着养殖水生动物种类的生存、生长和产量。

在小龙虾的整个养殖过程确保溶解氧充足是贯穿养殖生产与管理的一条主线，许多养殖户都有这样的体会：氧气可以说是小龙虾成功养殖的命根子。因此如何采用有效的增氧措施，解决养殖小龙虾中溶解氧安全的问题，是提高养殖单位产量和效益的重要手段。

1.小龙虾对氧气的要求 渔谚“白天长肉，晚上掉膘”，是十分形象化的解说。就是说白天在人工投喂饲料的条件下，小龙虾可以吃得好，长得壮，但是由于密度大，以及其他有机耗氧量也大，导致水体里氧气不足，晚上小龙虾就会消耗身上的肉，这就说明水体里的溶解氧对小龙虾养殖的重要性。

在正常投饵的情况下，水中的溶解氧量不仅会直接影响小龙虾的食欲和消化吸收能力，而且溶解氧关系到好气性细菌的生长繁殖。在缺氧情况下，好气性细菌的繁殖受到抑制，从而导致沉积在沟底的有机物（动植物尸体和残剩饵料等）为厌气性细菌所分解，生成大量危害小龙虾的有毒物质和有机酸，使水质进一步恶化。充足的溶解氧量可以加速水中含氮物质的硝化作用，使对小龙虾生长有害的氨态氮、亚硝酸态氮转变成无害的硝酸态氮，为浮游植物所利用，促进稻田里物质的良性循环，起到净化水质的作用。溶解氧在加速物质循环、促进能量流动、改善水质等方面起重要作用，是获得高产稳产的重要措施，所以在稻田养殖小龙虾时水质调控的重要内容就是改善水中的溶解氧条件。必须通过换水、机械增氧、化学增氧等途径及时补充水体里的溶解氧，来满足小龙虾的需求。

2.改善稻田里的氧气 改善稻田里的溶解氧条件应从增加溶解氧和降低有机物耗氧两个方面着手，采取以下措施：

（1）增加稻田溶解氧：

1）保持田间沟里有良好的日照和通风条件。

2）适当扩大稻田面积，以增大空气和水的接触面积。

3）在养殖过程中，要对田间沟适当施用磷肥，以改善水体里的氮磷比，促进浮游植物生长。

4）及时加注新水，以增加水体透明度。经常及时地加水是培育和控制优良水质必不可少的措施，对调节水体的溶解氧和酸碱度是有利的。合理注水有4个作用：首先是增加水深，提高水体的容量；其次是增加了水体的透明度，有利于小龙虾的生长发育；再次是能有效地降低藻类（特别是蓝藻、绿藻类）分泌的抗生素；最后就是能直接增加水中的溶解氧，促使水体垂直、水平流转，增进小龙虾的食欲。平时每2周注水1次，每次15厘米左右；高温季节每4～7天注水1次，每次30厘米左右；遇到特殊情况，要加大注水量或彻底换水。总之，当水体颜色变深时就要注水。

5）适当泼洒生石灰。使用生石灰，不仅可以改善水质，而且对防治虾病也有积极作用。一般每亩用量20千克，用水溶化后迅速全池泼洒。

6）合理使用增氧机，在晴天中午将上层过饱和氧气输送至下层，以保持溶解氧平衡。增氧机具有增氧、搅水和曝气等三方面的功能。增氧机是目前最有效的改善水质、提高产量的专用养殖机械之一。

（2）降低稻田有机物耗氧：

1）根据季节、天气合理投饵施肥，减少不必要的饲料溶失在水里腐烂，从而可以有效地防止水体里溶解氧的减少。

2）每年需清除含有大量有机物质的田间沟里的底泥，这就可以大量减少淤泥所消耗的氧气。

3）有机肥料需经发酵后在晴天施用，以减少中间产物的存积和氧债的产生。

4）稻田收割时，稻桩要留得高一点，秸秆还田时要注意循序渐进，慢慢地让秸秆消化掉，不能让秸秆在短时间内快速腐烂。

3.微孔增氧设备　常用的增氧设备包括叶轮式增氧机、水车式增氧机、射流式增氧机、吸入式增氧机、涡流式增氧机、增氧泵、涌喷式增氧机、喷雾式增氧机、微孔曝气装置等。田间沟里通常使用且效果非常好的主要有微孔增氧，另一种是推水设备。

（1）微孔增氧：这是一种利用压缩机和高分子微孔曝氧管相配合的曝气增氧装置，在后文将有专门的阐述。曝气管一般布设于田间沟的底部，压缩空气通过微孔逸出形成细密的气泡，增加了水体的汽水交换界面，随着气泡的上升，可将下层水体中的粪便、碎屑、残饲以及硫化氢、氨等有毒气体带出水面。微孔曝气装置具有改善水体环境，溶氧均匀、水体扰动较小的特点。其增氧动力效率可达1.8千克/千瓦时以上（图10–9、图10–10）。

图 10-9　安装微孔增氧管

图 10-10　微孔增氧的情形

（2）微孔增氧的类型及设备：

1）点状增氧系统：又称短条式增氧系统，就像气泡石一样进行工作，在增氧时呈点状分布，具有用微孔管少、成本低、安装方便的优点。它的主要结构由三部分组成，分别是主管、支管、微孔曝气管。支管长度一般在50米以内，在支管道上每隔2 ~ 3米有固定的接头连接微孔曝气管，而微管也是较短的，一般在15 ~ 50厘米。

2）条形增氧系统：就是在增氧时呈长条形分布，比点状增氧效率更高一点，当然成本也要高一点，需要的微管也多一点。曝气管总长度在60米左右，管间距10米左右，每根微管为30 ~ 50厘米，同时微孔曝气管距池底10 ~ 15厘米，不能紧贴着底泥，每亩配备功率0.1千瓦的鼓风机。

3）盘形增氧系统：这是目前使用效率最高的一种微孔增氧系统，也是制作最复杂的系统，在增氧时，氧气呈盘子状释放，具有立体增氧的效果。使用时用4 ~ 6毫米直径钢筋弯成盘框，曝气管固定在盘框上，盘框总长度15 ~ 20米，每亩装3 ~ 4只曝气盘，盘框需固定在池底，离池底10～15厘米。每亩配备功率0.1～0.15千瓦的鼓风机。

无论是哪种微管增氧系统，它们都需要主机，主机是为田间沟的氧气提供来源的，因此需要选择好。一般选择罗茨鼓风机，它具有寿命长、送风压力高、送风稳定性和运行可靠性强的特点。功率大小依水面面积而定，15～20亩（2～3个塘）可选3千瓦一台，30～40亩（5～6个塘）可选5.5千瓦一台。总供气管架设在稻田中间上部，高于田水最高水位10～15厘米，并贯穿整个田间沟，呈南北向。总管后面一般接上支管，然后再接微管。

（3）微孔增氧的合理配置：在田间沟中利用微孔增氧技术养殖小龙虾时，微孔系统的配置是有讲究的，根据相关专家计算，1.5米以上深的每亩精养塘需40～70米长的微孔管（内外直径10毫米和14毫米）。在水体溶氧低于4毫克/升时，开机曝气2小时能提高到5毫克/升以上。

（4）微管的布设技巧：利用微孔增氧技术，强调的是微管的作用，因此微管的布设也是很有讲究的。养虾稻田的田间沟水深正常蓄水在1米，要求微管布置在离沟底10厘米处，也可以说要布设在水平线下90厘米处，这样我们可用两根长1.2米以上的竹竿，把微孔管分别固定在竹竿由下向上的30厘米处，而后再向上在90厘米处打一个记号，再后两人各抓一根竹竿，各向田间沟两边把微孔管拉紧后将竹竿插入沟底，直至打记号处到水平为止。在布设管道时，一定要将微管底部固定好，不能出现管子脱离固定桩，浮在水面的情况，这样会大大降低使用效率。要注意的是充气管在田间沟中安装高度尽可能保持一致，如果沟底深浅不在一个水平线上，则以浅的一边为准布管。

在微管设置时要注意不要和水草紧紧地靠在一起，最好是距离水草10厘米左右，以免过大的气流将水草根部冲起，从而对水草的成活率造成影响。

（5）使用方法：在稻田里布设微管的目的是为了增加水体的溶解氧，因此增氧系统的使用方法就显得非常重要。

一般情况下，我们是根据水体溶氧变化的规律，确定开机增氧的时间和时段。4~5月，在阴雨天半夜开机增氧；6~10月的高温季节每天开启时间应保持在6小时左右，每天下午4时开始开机2～3小时，日出前后开机2~3小时；连续阴雨或低压天气，可视情况适当延长增氧时间，可在晚上9~10时开机，持续到第2天中午；养殖后期勤开机，以促进小龙虾的生长。

另外在晴天中午开1～2小时，搅动水体，增加底层溶解氧，防止有害物质的积累；在使用杀虫消毒药或生物制剂后开机，使药液充分混合于养殖水体中，避免因用药引起的缺氧现象；在投喂饲料的2小时内停止开机，保证小龙虾吃食正常。

图 10-11　推水设备

4.推水设备　这是在生产过程中发现的一种效果非常好的增氧设备，就是通过功率3千瓦的鼓风机，把空气中的氧气冲入田间沟里，同时也推动了田间沟里的水形成一定的流向。据测定，一台功率3千瓦的鼓风机能推动60~70亩的稻田，效果非常好（图10-11、图10-12）。

图 10-12　推水效果

5.增氧的作用　在田间沟合理使用增氧设备，在生产上具有以下作用：

（1）有效地促进饵料生物的增殖：促进田间沟内物质循环的速度，能充分利用水体。开动增氧机可使浮游生物增加到原来的3.7～26倍，绿藻、隐藻、纤毛虫的种类和数量显著增加。

（2）有效增氧作用：增氧机可以使田间沟里的水体溶解氧24小时保持在3毫克/升以上，16小时不低于5毫克/升。据测定，一般叶轮式增氧机每千瓦时能向水中增氧1千克左右。

（3）能提高产量：增氧机可增加小龙虾的放养密度和增加投饵量，从而提高产量。在相似的养殖条件下，使用增氧机强化增氧的养稻田比对照池可净增产12.5%～14.5%，使用增氧机所增加的成本不到因溶解氧不足而消耗饲料费用的2%。

（4）有利于防病：对防治一些小龙虾的生理性疾病效果十分显著等。

6.利用生物培植氧源　增氧机本身并不制造氧气，它所起的作用只是将空气中少量的氧气导入水体，增氧机的有限增氧功能并不是主要的氧源。向水体中泼洒增氧剂，如以泼洒过碳酸钠、过硼酸钠、过氧化钙、过氧化氢等补充外源氧的方式来解决水体溶解氧缺乏的问题，确实可以起到一定的增氧作用，但是用增氧剂等化学物品来增氧只是短期的行为，而且是一种治标不治本的应急做法。也许对于鱼池可以使用，但是对于养虾的稻田却并不适用。这是因为化学增氧剂过量使用后，稻田里的水草及藻类会大量死亡，稻田的生态环境被彻底破坏，水质、底质失去活性功能，自净功能丧失，导致稻田的水色很难培养，水草很难修复，更为严重的是田间沟里的亚硝酸盐、重金属等有害物质屡见超标，结果是导致虾病频发，养殖效益很不理想。

生产实验表明，稻田里尤其是田间沟里由于种植了大量的水草，加上人为进行肥水培藻的作用，因此水体中80%以上的溶解氧都是水草、藻类产生的，因此培育优良的水草和藻相，就是培植氧源的根本做法。

如何利用生物来培植氧源呢？最主要的技巧就是加强对水质的调控管理，适时适当使用合适的肥料培育水草和稳定藻相。一是在刚刚放养虾苗虾种的时候，注重采用“肥水培藻，保健养种”的做法；二是在养殖中后期注意强壮、修复水草，防止水草根部腐烂、霉变；三是在巡塘的时候加强观察，包括小龙虾的健康情况，水草和藻相是否正常，水体中的悬浮颗粒是否过多，藻类是不是有益的藻类，是否有泡沫，水质是不是发黏且有腥臭味，是否水色浓绿、泡沫稀少，藻相是否经久不变，等等。一旦发现问题，必须及时采取相应的措施进行处理。

（三）投饵管理

首先通过施足基肥的方法来培育大批枝角类、桡足类以及底栖生物供小龙虾摄食，同时在3月还应每亩稻田放养150～250千克螺蛳，并移栽足够的水草，为小龙虾生长发育提供丰富的天然饲料。在人工饲料的投喂上，一般情况下，按动物性饲料40%、植物性饲料60%来配比。投喂时也要实行定时、定位、定量、定质投饵。早期每天分上午、下午各投喂一次；后期多在傍晚6时投喂。投喂饵料品种多为小杂鱼、螺蛳肉、河蚌肉、蚯蚓、动物内脏、蚕蛹，配喂玉米、小麦、大麦粉。还可投喂适量植物性饲料，如水葫芦、水芜萍、水浮萍等。日投喂饲料量为虾体重的3%～5%。平时要坚持勤检查虾的吃食情况，当天投喂的饵料在2～3小时内被吃完，说明投饵量不足，应适当增加投饵量，如在第二天还有剩余，则投饵量要适当减少（图10-13）。

图 10-13　投饵

对于虾沟较大，投喂不方便的稻田，可以用小船来帮助投喂，提高效率（图10-14）。

图 10-14　利用小船投饵

（四）科学施肥

养虾稻田一般以施基肥和腐熟的农家肥为主，可以促进水稻稳定生长，保持中期不脱肥，后期不早衰，群体易控制。每亩可施农家肥300千克，尿素20千克，过磷酸钙20～25千克，硫酸钾5千克。放虾后一般不施追肥，以免降低田中水体溶解氧，影响小龙虾的正常生长。如果发现脱肥，可少量追施尿素来达到适时补施追肥的目的，每亩不超过5千克。

施肥的方法是：先排浅田水，让虾集中到虾沟中再施肥，有助于肥料迅速沉积于底泥中并为田泥和禾苗吸收，随即加深田水到正常深度；也可采取少量多次、分片撒肥或根外施肥的方法。禁用对小龙虾有害的化肥如氨水和碳酸氢铵等。如果用发酵过的有机粪肥追肥，那就更好了，施肥量为每亩15～20千克。

（五）科学施药

稻田养虾能有效地抑制杂草的生长，同时小龙虾能摄食昆虫，从而降低病虫害的发生概率。另外，我们在养殖小龙虾时，在稻田里使用太阳能杀虫灯（图10-15），能有效地降低稻田里的害虫数量，可以尽量减少除草剂及农药的施用。

图 10-15　太阳能杀虫灯在稻田里的使用

小龙虾入田后，若发生草荒，可人工拔除。如果确因稻田病害或虾病严重需要用药时，应掌握以下几个关键点：①科学诊断，对症下药。②选择高效低毒低残留农药。③由于小龙虾是甲壳类动物，对含磷药物、菊酯类、拟菊酯类药物特别敏感，因此应慎用敌百虫、甲胺磷等药物，禁用敌杀死等药。④喷洒农药时，一般应加深田水，降低药物浓度，减少药害。也有的养殖户是先降低田水至虾沟以下水位时再用药，待8小时后立即上水至正常水位。⑤粉剂药物应在早晨露水未干时喷施，水剂和乳剂药应在下午喷洒。⑥降水速度要缓，等虾爬进虾沟后再施药。⑦可采取分片分批的用药方法，即先施稻田一半，过两天再施另一半，同时要尽量避免农药直接落入水中，以保证小龙虾的安全。

（六）科学晒田

水稻在生长发育过程中的需水情况是在变化的，养虾需水与水稻需水是有矛盾的。田间水量多，水层保持时间长，对虾的生长是有利的，但对水稻生长却不利。农谚对水稻用水进行了科学的总结，那就是“浅水栽秧、深水活棵、薄水分蘖、脱水晒田、复水长粗、厚水抽穗、湿润灌浆、干干湿湿”。因此有经验的老农常常会采用晒田的方法来抑制无效分蘖，这时的水位很浅，但这对养殖小龙虾是非常不利的，因此做好稻田的水位调控工作是非常有必要的。生产实践中我们总结出一条经验，那就是“平时水沿堤，晒田水位低，沟溜起作用，晒田不伤虾”。晒田前，要清理虾沟虾溜，严防虾沟里阻隔与淤塞。晒田总的要求是轻晒或短期晒，晒田时，沟内水深保持在只要低于秧田表面15厘米就可以了，确保田块中间不陷脚，田边表土不裂缝和发白，以见水稻浮根泛白为适度（图10–16、图10–17）。晒好田后，及时恢复原水位。尽可能不要晒得太久，以免小龙虾缺食太久影响生长。

图 10–16　秧苗期的晒田

图 10–17　快收割时的晒田

（七）病害预防

对病害防治，在整个养殖过程中，始终坚持预防为主，治疗为辅的原则。预防方法主要有干塘清淤和消毒；种植水草和养殖螺蚬；苗种检疫和消毒；调控水质和改善底质。

常见的敌害有水蛇、青蛙、蟾蜍、水蜈蚣、老鼠、黄鳝、泥鳅、鸟等，应及时采取有效措施驱逐或诱灭之，平时做好灭鼠工作，春夏季经常清除田内蛙卵、蝌蚪等。我们在全椒县的赤镇发现，水鸟和麻雀都喜欢啄食刚蜕壳后的软壳虾，因此一定要注意及时驱逐。在放虾初期，稻株茎叶不茂，田间水面空隙较大，此时虾个体也较小，活动能力较弱，逃避敌害的能力较差，容易被敌害侵袭。同时，小龙虾每隔一段时间需要蜕壳生长，在蜕壳或刚蜕壳时，最容易成为敌害的适口饵料。到了收获时期，由于田水排浅，虾有可能到处爬行，目标会更大，也易被鸟、兽捕食。对此，要加强田间管理，并及时驱捕敌害，有条件的可在田边设置一些彩条或稻草人，恐吓、驱赶水鸟。另外，当虾放养后，还要禁止家养鸭子下田沟，避免损失。

小龙虾的疾病目前发现很少，但也不可掉以轻心，目前发现的主要是纤毛虫的寄生。因此要抓好定期预防消毒工作，在放苗前，稻田要进行严格的消毒处理，放养虾种时用5%的食盐水浴洗5分钟，严防将病原体带入田内，采用生态防治方法，严格落实“以防为主、防重于治”的原则。每隔15天用生石灰10～15千克/亩溶水全虾沟泼洒，不但能起到防病治病的目的，还有利于小龙虾的蜕壳。在夏季高温季节，每隔15天，在饵料中添加多维素、钙片等药物以增强小龙虾的免疫力。

（八）创造第一年的生态环境

笔者在进行技术推广过程中，发现一个有趣的现象，就是第一年稻田养小龙虾出虾大，往后虾会越来越小。笔者认为这是因为第一年有利于小龙虾生长发育的稻田生态环境最好，此环境最主要的是水生动植物丰富、水质优良、病虫害少等，因此在以后的养殖管理过程中一定要努力创造这种好的生态环境。

第一年稻田养虾，水生动植物丰富。在稻田养虾前，水草比较丰富，除插秧后使用除草剂外，水稻生长旺盛期间杂草少，一般植物比较丰富；水生小动物，除了天敌消耗外，基本上自生自灭，没有破坏，且种类繁多；每年自生自灭的水生动植物残留体，变成丰富的腐殖质。这些自然水生动物资源是第一年养殖小龙虾的优良的营养物质基础，所以第一年养殖的小龙虾个体大。往后水生动植物资源逐年减少，小龙虾形体也就越来越小，这是主要的原因。往后要注意水草的种植，增补水生小动物的种源，提升水生物的存在量，保证小龙虾有充足的自然饵食。

第一年稻田养虾，水质优良。在养殖小龙虾前，稻田各类水生动植物自生自灭产生的有机质，包括水稻茎秆在内，养好了优质的水体体系。虾农常说，小龙虾生长得好，关键是“七分水，三分养”。水质不肥或越来越瘦，小龙虾朝夕生活在这样的环境里，肯定生长状况越来越差。所以，养殖小龙虾一定先要养好水，水肥才会出好虾。

第一年稻田养殖小龙虾，病虫害少。在未养小龙虾之前，稻田处于一种原生态环境，小龙虾病虫害相比之下是非常少的。小龙虾生长得非常健壮，体形大。为了解决往后的小龙虾生长状况问题，必须坚持病虫害的防治，优化小龙虾生长环境，才能养出形体大的小龙虾。

总之，第一年养殖小龙虾体形大，是各种有利于小龙虾生长的因素占最大的优势。为了延续这种态势，要加强水草的种植，培育繁殖水中小动物，培育优良的水质，注重病虫害防治。

（九）加强其他管理

其他的日常管理工作必须做到勤巡田、勤检查、勤研究、勤记录等。

1.看守工作要做好 做好人工看守工作，这主要是为了防盗防逃。

2.加强对水草的管理 根据水草的长势，及时在浮植区内泼洒速效肥料。肥料浓度不宜过大，以免造成肥害。如果水花生高达25～30厘米时，就要及时收割，收割时须留茬5厘米左右。其他的水生植物，亦要保持合适的面积与密度。

3.加强蜕壳虾管理 前文已经讲述，此处不再赘述。

4.建立巡田检查制度 勤做巡田工作，检查虾沟、虾溜，发现异常及时采取对策。早晨主要检查有无残饵，以便调整当天的投饵量，中午测定水温、pH值、氨氮、亚硝酸氮等有害物，观察田水变化，傍晚或夜间主要是观察了解小龙虾活动及吃食情况。经常检查维修加固防逃设施，台风暴雨时应特别注意做好防逃工作，检查田埂是否塌漏，平水缺、拦虾设施是否牢固，防止逃虾和敌害进入。加强检查，做好防偷、防稻田被外来物质污染而缺氧、防漏水以及记载饲养管理日志等工作。

三、收获上市

（一）稻谷收获的稻桩处理

稻谷收获一般采取收谷留桩的办法，然后将水位提高至20～30厘米，到了冬季再慢慢提升5厘米，并适当施肥，促进稻桩返青，为小龙虾提供避阴场所及天然饵料来源；有的由于收割时稻桩留得低了一些，水淹的时间长了一点，导致稻桩腐烂，这就相当于人工施了农家肥，可以提高培育天然饵料的效果，但要注意不能长期让水质处于过肥状态，可适当通过换水来调节。

现在倡导秸秆全量还田，根据多年的试验和实践经验，发现稻桩如果留低了，收稻谷后粉碎的稻草就多，如果这些稻草全部散布在水田里，待收获稻谷再上水后，经3~5天，这些稻草就会慢慢腐烂，直接导致水质恶化。近两年我们开发了一种新的方法，一是将稻桩留高至50厘米甚至60厘米，二是将收割机的拦草部位加上一个斜行的横档，让破碎的稻草全部停留在收割机的履带之间的稻桩上，这样既减少了破碎的稻草量，也减少了碎草直接进入田面上腐烂的机会（图10-18、图10-19）。

图 10-18　收割机上的挡板改造

图 10-19　碎草全部在履带中间的稻桩上

（二）小龙虾收获

1.捕捞时间 小龙虾生长速度较快，经1～2个月的人工饲养成虾规格达30克以上时，即可捕捞上市。在生产上，小龙虾从4月就可以捕大留小了，收获以夜间昏暗时为好，对上规格的虾要及时捕捞，可以降低稻田内龙虾的密度，有利于其快速生长。

2.地笼张捕 最有效的捕捞方式是用地笼张捕，地笼是最常用的捕捞工具。每只地笼长10～20米，分成10～20个方形的格子，每只格子间隔的地方两面带倒刺，笼子上方织有遮挡网，地笼的两头分别圈成圆形，方便起获，地笼网以有结网为好（图10-20）。

图 10-20 在水稻生长期的地笼捕捞

头天下午或傍晚把地笼放入田边浅水有水草的地方，里面放进腥味较浓的鱼块、鸡肠等做诱饵效果更好，网衣尾部漏出水面，傍晚时分，小龙虾出来寻食时，寻味而至，就会钻进笼子里。第二天早晨就可以从笼中倒出小龙虾，然后进行分级处理，大的按级别出售，小的继续饲养，这样一直可以持续上市到 10 月底，如果每次的捕捞量非常少时，可停止捕捞。为了提高捕捞效果，每只笼子在连续张捕5天后，就要取出放在太阳下曝晒一两天，然后换个地方重新下笼，这样效果更好（图10-21）。

图 10-21 在水稻收割后的地笼捕捞，白天收起来晒太阳，晚上放进去捕虾

3.手抄网捕捞 把虾

网上方扎成四方形，下面留有带倒锥状的漏斗，沿稻田边沿地带或水草丛生处，不断地用杆子赶，虾进入四方形抄网中，提起网，小龙虾就留在了网中。这种捕捞法适宜用在水浅而且小龙虾密集的地方，特别是在水草比较茂盛的地方效果非常好。

4.干沟捕捉　抽干稻田虾沟里的水，小龙虾便集中在沟底，用人工手拣的方式捕捉。要注意的是，抽水之前最好先将沟边的水草清理干净，避免小龙虾躲藏在草丛中；抽水的速度最好快一点，以免小龙虾进洞。

5.船捕　对于面积较大的稻田，可以利用小型的捕捞船在稻田中央捕捞。

6.迷魂阵捕虾　小龙虾养殖户将大水面的迷魂阵捕鱼法稍加改革，用于捕捞小龙虾，效果很好，这种捕捞方法主要用于大面积规模化养殖的稻田里。

（三）上市销售

商品虾通常用泡沫塑料箱干运，也可以用塑料袋装运，或用冷藏车装运。运输时保持虾体湿润，不要挤压，以提高运输成活率。为了提高销售效益，在具体操作中，可以将小龙虾分拣出售，在南方市场通常分为50～40只/千克、40～30只/千克、30～20只/千克、20只以内/千克等几个规格，不同的规格价格不同。

技巧十一 病害防控是成功养虾的保证

一、病害原因

由于小龙虾的适应性和抗病能力都很强，因此目前发现的疾病较少，常见的病和河蟹、青虾、罗氏沼虾等甲壳类动物疾病相似。

由于小龙虾患病初期不易发现，一旦发现，病情就已经不轻，用药治疗作用较小，疾病不能及时治愈，小龙虾大批死亡而使养殖者陷入困境。所以防治小龙虾疾病要采取“预防为主、防重于治、全面预防、积极治疗”等措施，控制虾病的发生和蔓延。

为了更好地掌握发病规律和防止虾病的发生，必须了解发病的病因。小龙虾发病原因比较复杂，既有外因也有内因。查找根源时，不应只考虑某一个因素，应该把外界因素和内在因素联系起来加以考虑，才能正确找出发病的原因。

（一）环境因素

影响小龙虾健康的环境因素主要有水温、水质等。

1.水温　小龙虾是变温动物，在正常情况下，体温随外界环境尤其是水体的水温变化而发生改变。当水温发生急剧变化时，机体由于适应能力不强而发生病理变化乃至死亡。例如，小龙虾苗在入虾沟时要求温差低于3℃，否则会因温差过大而生病，甚至大批死亡。

2.水质　小龙虾为维持正常的生理活动，要求有适合生活的良好水质。水质的好坏直接关系到小龙虾的生长，影响水质变化的因素有水体的酸碱度（pH）、溶解氧（DO）、有机耗氧量（BOD）、透明度、氨氮含量及微生物等理化指标。在这些指标适宜的范围内，小龙虾生长发育良好，一旦水质环境不良，就可能导致小龙虾生病或死亡，因此要加强检验。

3.化学物质 稻田水化学成分的变化往往与人们的生产活动、周围环境、水源、生物活动（鱼虾类、浮游生物、微生物等）、底质等有关。如虾沟长期不清塘，沟底堆积大量没有分解的剩余饵料、水生动物粪便等，这些有机物在分解过程中，会大量消耗水中的溶解氧，同时还会放出硫化氢、沼气、二氧化碳等有害气体，毒害小龙虾。有些地方，土壤中重金属盐（铅、锌、汞等）含量较高，在这些地方开挖虾沟，容易引起重金属中毒。另外工厂、矿山和城市排出的工业废水和生活污水日益增多，这些含有某些重金属毒物（锌、汞等）、硫化氢、氯化物等物质的废水如进入养虾稻田，轻则引起小龙虾的生长不适，重则引起小龙虾的大量死亡。

（二）病原体

导致小龙虾生病的病原体有真菌、细菌、病毒、原生动物等。病原体传染力的大小与病原体在宿主体内定居、繁衍以及从宿主体内排出的数量有密切关系。水体条件恶化，有利于寄生生物生长繁殖的环境，其传染能力就较强，对小龙虾的致病作用也明显；如果利用药物杀灭或生态学方法抑制病原体活力来降低或消灭病原体，例如定期用生石灰清沟消毒，或投放硝化细菌增加溶解氧、净化水质等生态学方法处理水环境，就不利于寄生生物的生长繁殖，对小龙虾的致病作用就明显减轻，虾病发生机会就降低。因此，切断病原体进入养殖水体的途径，有的放矢地进行生态防治、药物防治和免疫防治，将病原体控制在不危害小龙虾的程度以下，才能减少小龙虾疾病的发生。

（三）自身因素

小龙虾自身因素的好坏是抵御外来病原菌的重要因素，身体健康的小龙虾能有效地预防部分虾病的发生，值得注意的是软壳虾对疾病的抵抗能力就要弱得多。

（四）人为因素

1.操作不慎 在饲养过程中，我们经常要给养虾稻田换水、用药、晒田、捞虾、运输、冲水，有时会因操作不当或动作粗鲁，碰伤小龙虾，这样很容易使病菌从伤口侵入，使小龙虾感染患病。

2.外部带入病原体 从自然界中捞取活饵、采集水草和投喂时，由于消毒、清洁工作不彻底，可能带入病原体。另外，病虾用过的工具未经消毒又用于无病虾导致重复感染或交叉感染。

3.饲喂不当　开展稻田大规模养虾基本上是靠人工投喂饲养的，如果投喂不当，投食不清洁或变质的饲料，或饥或饱及长期投喂干饵料，饵料品种单一，饲料营养成分不足，缺乏动物性饵料和合理的蛋白质、维生素、微量元素等，小龙虾就会缺乏营养，造成体质衰弱，容易感染患病。当然投饵过多，投喂的饵料变质、腐败，易引起水质腐败，促进细菌繁衍，也会导致小龙虾生病。

4.环境调控不力　小龙虾对水体的理化性质有一定的适应范围。如果单位水体内载虾量太多，易导致生存的生态环境恶劣，加上不及时换水，小龙虾的排泄物、分泌物过多，二氧化碳、氨氮增多，微生物滋生，蓝绿藻类浮游植物生长过多，都可使水质恶化，溶解氧量降低，使虾发病。

5.放养密度不合理　合理的放养密度和混养比例能够增加虾产量，但放养密度过大，会造成缺氧，并降低饵料利用率，引起小龙虾的生长速度不一致，大小悬殊，同时由于小龙虾缺乏正常的活动空间，加之代谢物增多，会使其正常摄食生长受到影响，抵抗力下降，发病率增高。另外，不同规格的小龙虾在同一场所饲养，在饵料不足的情况下，易发生以大欺小和相互残杀现象，造成较高的发病率。

6.饲养稻田及进排水系统设计不合理　饲养稻田特别是虾沟底部设计不合理时，不利于沟中残饵、污物的彻底排出，易引起水质恶化使虾发病。如果连片大规模养虾时，进排水系统没有独立性，一旦一块稻田的虾发病往往会传播到另一稻田，导致其他的虾也发病。这种情况特别是在大面积连片稻田养殖时更要注意预防。

7.消毒不彻底　虾体、田水、食场、食物、工具等消毒不彻底，会使虾的发病率大大增加。

8.捕捞时溺死　这主要表现在捕捞时，地笼张捕时间过长，而且长期将笼子的口部闷在水里，最后导致进入地笼的幼虾和软壳虾长期挤压或得不到充足的溶解氧而溺死。处理方法一是勤巡田，二是勤倒笼，三是将地笼的口部轻轻抬起并固定在某一附着物上而露出水面。

二、小龙虾疾病的预防措施

小龙虾疾病的生态预防是“治本”，而积极、正确、科学地利用药物治疗虾病则是“治标”，对疾病防治应本着“防重于治、防治结合”的原则，贯彻“全面预防、积极治疗、标本兼治”的方针，对疾病进行有效预防和治疗，是降低或延缓疾病蔓延、减少损失的必要措施。目前常用的预防措施和方法有以下几点。

（一）稻田处理

小龙虾进虾沟前要对稻田尤其是虾沟进行消毒处理，消毒方法前文已经讲述了。

（二）加强饲养管理

小龙虾生病，可以说大多数是由于饲养管理不当引起的。所以，加强饲养管理，改善水质环境，采用“四看”和“四定”的投饲技术是防病的重要措施之一。

（三）控制水质

“治病先治鳃，治鳃先治水”，对小龙虾而言，鳃比心脏更重要，鳃病是引起小龙虾死亡的重要病害之一。鳃不仅是氧气和二氧化碳进行气体交换的重要场所，也是钙、钾、钠等离子及氨、尿素等排泄物交换的场所。因此，只有尽快地治疗鳃病，改善其呼吸代谢功能，才能有利于防病治病。要想小龙虾有个好的鳃，就必须有个好的养殖用水环境，要经常测试稻田的水质（图11–1）。

小龙虾养殖用水，一是要杜绝和防止引用工厂废水，要使用符合要求的水源。二是要定期换水，保持水质清洁，减少粪便和污物在水中腐败分解释放有害气体，从而调节稻田水质。三是要定期用生石灰全池泼洒，或定期泼洒光合细菌，消除水体中的氨氮、亚硝酸盐、硫化氢等有害物质，保持田水的酸碱度平衡和溶解氧水平，使水体中的物质始终处于良性循环状态，解决水质老化等问题。

图 11-1　要经常对稻田的水质进行测试

（四）做好药物预防

1.小龙虾消毒　在小龙虾投放前，最好对虾体进行科学消毒，常用方法是用3%～5%的食盐水浸洗5分钟。

2.工具消毒　日常用具，应经常暴晒和定期用高锰酸钾、敌百虫溶液或浓盐开水浸泡消毒。尤其是接触病虾的用具，更要隔离消毒。

（五）提供优质生活环境

提供优质生活环境主要是提供小龙虾所需要的水草或洞穴等。一是人工栽草；二是利用自然水草；三是利用水稻秸秆等。

三、小龙虾疾病的预防方法

（一）严格抓好苗种购买放养关

可由市水产技术推广站或联合当地有信誉的养殖大户，统一集中购买信誉度好、繁育能力强、质量过关的苗种。

（二）做好虾苗虾种的消毒工作

生产实践证明，即使是体质健壮的虾苗虾种，或多或少都带有病原菌，尤其是从外地运来的虾苗虾种。放养未经消毒处理的虾种，容易把病原体带进稻田，一旦条件适宜，便大量繁殖而引发疾病。因此，在放养前将虾苗虾种浸洗消毒，是切断传播途径、控制或减少疾病蔓延的重要技术措施（图11-2）。药浴的浓度和时间，根据不同的养殖种类、个体大小和水温灵活掌握。

图 11-2　苗种消毒

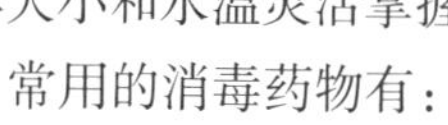

常用的消毒药物有：

（1）食盐：食盐消毒是苗种消毒最常用的方法，配制浓度为3%～5%，洗浴10～15分钟，可以预防烂鳃病等。

（2）漂白粉：浓度为15毫克/升，浸洗15分钟，可预防细菌性疾病。

（3）高聚碘：浓度为50毫克/升，洗浴10～15分钟，可预防寄生虫性疾病。

（4）高锰酸钾：在水温5～8℃时，浓度为20克／米^3，浸洗3～5分钟，用来杀灭小龙虾体表上的寄生虫和细菌。

（三）做好饵料的消毒工作

在小龙虾养殖过程中，投喂不清洁或腐烂的饲料，有可能将致病菌带入稻田中，因此对饲料进行消毒，可以提高小龙虾的抗病能力。青饲料如南瓜、马铃薯等要洗净切碎后方可投喂；配合饲料以一个月喂完为宜，不能有异味；小鱼小虾要新鲜投喂，若时间过久，要用高锰酸钾消毒后方可投饲。

（四）做好食场的消毒工作

小龙虾养殖固定投饵的场所，也就是食场，要进行定期消毒，常用的消毒方法有药物悬挂法和泼洒法。

1.药物悬挂法　可用于食场消毒的悬挂药物主要有漂白粉、强氯精等，悬挂的容器有塑料袋、布袋、竹篓，装药后，以药物能在5小时左右溶解完为宜，悬挂周围的药液达到一定浓度就可以了。

在疾病高发季节，要定期进行挂袋预防，一般每隔15～20天为1个疗程，可预防细菌性疾病和烂鳃病。药袋最好挂在食台周围，每个食台挂3～6个袋。漂白粉挂袋每袋50克，每天换1次，连续挂3天。同时每天坚持巡田查饵，经常清理回收未吃完的残食残渣。

2.泼洒法　从3～6月开始，每隔1～2周在小龙虾吃食后用漂白粉消毒食场1次，用量一般为250克，将溶化的漂白粉泼洒在食场周围。也可用生石灰在食场周围泼洒消毒，每次用量为10千克／亩，既防止水质老化恶化又促进小龙虾蜕壳生长，同时要加强水源管理，杜绝劣质水在养虾中的应用。

（五）消毒工具

在发病的稻田中用过的工具，如桶、木瓢、斗箱、各种网具等必须消毒，小型工具放在较高浓度的生石灰或漂白粉溶液或10克／米^{3}的硫酸铜水溶液中浸泡10分钟，大型工具可放在太阳下晒干后使用。

（六）对水草进行消毒

从湖泊、河流中捞回来的水草可能带有外来病菌和敌害，如乌鳢、黄鳝等，一旦带入稻田中将给小龙虾的生长发育带来严重后果，因此水草入池时需用8～10毫克/升的高锰酸钾消毒后方可入池。

（七）定期对水体进行消毒

小龙虾养殖要使用符合要求的水源。随着水温的不断升高，小龙虾的摄食量大增，生长发育旺盛，而此时也正是病原体的生长繁殖旺盛季节，为了及时杀灭病菌，应定期对稻田水体进行消毒杀菌，每半月用1克／米^{3}的漂白粉或15千克／亩的生石灰全池遍洒一次。

另外，用水系统应使每块稻田有独立的进水和排水管道，以避免水流把病原体带入。也可以考虑用一块稻田建立一个蓄水池，可将养殖用水先引入蓄水池，使其自行净化、曝气、沉淀或进行消毒处理后再灌入其他的稻田中，能有效地防止病原随水源带入。

（八）加强饲养管理

小龙虾生病，大多是由于饲养管理不当引起的。加强饲养管理，改善水质环境，采用“四定”的投饲技术是防病的重要措施之一。

（九）利用生物净化手段，改良生态环境

在虾苗虾种放养前积极培植水草，在浅水区种植空心菜、水花生，在深水区移植苦草、聚草或移养水浮萍，水浮萍覆盖率占田间沟总面积的50%左右，既模拟了小龙虾自然生长环境，提供小龙虾栖息、蜕壳、隐蔽场所，又能吸收水中不利于小龙虾生长的氨氮、硫化氢等，起到改善水质、抑止病原菌大量滋生、减少发病机会的作用。

（十）科学活用各种微生物

1.光合细菌　目前在水产养殖上普遍应用的有红假单胞菌，将其施放在养殖水体后可迅速消除氨氮、硫化氢和有机酸等有害物质，改善水体，稳定水质，平衡水体酸碱度。但光合细菌对于进入养殖水体的大分子有机物如残饵、排泄物及浮游生物的残体等无法分解利用。水肥时施用光合细菌可促进有机污染物的转化，避免有害物质积累，改善水体环境和培育天然饵料，保证水体溶解氧；水瘦时应首先施肥再使用光合细菌，这样有利于保持光合细菌在水体中的活力和繁殖优势，降低使用成本。

由于光合细菌的活菌形态微细、相对密度小，若采用直接泼洒

养殖水体的方法，其活菌不易沉降到田间沟的底部，无法起到良好的改善底环境的效果，因此建议稻田泼洒光合细菌时，尽量将其与沸石粉合剂应用，这样既能将活菌迅速沉降到底部，同时沸石也可起到吸附氨的效果。另外使用光合细菌的适宜水温为15～40℃，最适水温为28～36℃，因而宜掌握在水温20℃以上时使用，切记阴雨天勿用。

2.芽孢杆菌　芽孢杆菌施入养殖水体后，能及时降解水体有机物如排泄物、残饵、浮游生物残体及有机碎屑等，避免有机废物在池中的积累。同时有效减少田间沟内的有机物耗氧，间接增加水体溶解氧，保持良好的水质，从而起到净化水质的作用。

当养殖水体溶解氧高时，芽孢杆菌繁殖速度加快，因此在泼洒该菌时，最好开动增氧机，以使其在水体快速繁殖并迅速形成种群优势，对维持稳定水色，营造良好的底质环境有重要作用。

3.硝化细菌　硝化细菌在水体中是降解氨和亚硝酸盐的主要细菌之一，起到净化水质的作用。硝化细菌使用很简单，只需用稻田里的水溶解泼洒就可以了。

4.EM菌　EM菌中的有益微生物经固氮、光合等一系列分解、合成作用，使水中的有机物质形成各种营养元素，供自身及饵料生物的生长繁殖，同时增加水中的溶解氧，降低氨、硫化氢等有毒物质的含量，提高水质质量。

5.酵母菌　酵母菌能有效分解水中的糖类，迅速降低水中生物耗氧量，在稻田里繁殖出来的酵母菌又可作为小龙虾的饲料蛋白利用。

6.放线菌　放线菌对于养殖水体中的氨氮降解及增加溶解氧和稳定pH值均有较好效果。放线菌与光合细菌配合使用效果极佳，可以有效地促进有益微生物繁殖，调节水体中微生物的平衡，可以去除水体和水底中的悬浮物质，亦可有效地改善水底污染物的沉降性能、防止污泥结絮，起到改良水质和底质的作用。

7.蛭弧菌　蛭弧菌泼洒在养殖水休后，可迅速裂解嗜水气单胞菌，减少水体致病微生物数量，能防止或减少小龙虾病害的发展和蔓延，同时对于氨氮等有一定去除作用。也可改善水产动物体内外环境，促进生长，增强免疫力。

四、小龙虾药物的选用

（一）小龙虾药物的选用原则

1.有效性　尽量选择高效、速效和长效的药物，用药后的有效率应达到70%以上。例如，对小龙虾的甲壳溃烂病，用抗生素、磺胺类药、含氯消毒剂等都有疗效，但应首选含氯消毒剂，可同时直接杀灭体表和养殖水体中的细菌，且杀菌快、效果好。如果是细菌性肠炎，则应选择喹诺酮类药、诺氟沙星，制成药物饵料进行投喂。

2.安全性　药物的安全性主要表现在以下四个方面。

（1）药物在杀灭或抑制病原体的有效浓度范围内对小龙虾本身的毒性损害程度要小，因此药物疗效好，但毒性太大的药物必须放弃，而改用疗效居次、毒性作用较小的药物。

（2）对水环境的污染及对水体微生态结构的破坏程度要小，甚至对水域环境不能有污染。尤其是那些能在水生动物体内引起富集作用的药物，如含汞的消毒剂和杀虫剂，含丙体六六六的杀虫剂（林丹）坚决不能用。这些药物的富集作用，直接影响到人们的食欲，并对人体也会有某种程度的危害。

（3）对人体健康的影响程度也要小，在小龙虾被食用前应有一个停药期，并要尽量控制使用药物，特别是对确认有致癌作用的药物，如孔雀石绿、呋喃丹、敌敌畏、六六六等，应坚决禁止使用。

（4）严禁使用高毒、高残留或具有三致毒性（致癌、致畸、致突变）的虾药，以不危害人类健康和不破坏水域生态环境为基础，选用“三效”（高效、速效、长效）、“三小”（毒性小、副作用小、用量小）的虾药。大力推广健康养殖技术，改善养殖水体生态环境，提倡科学合理的混养和密养，建议使用生态综合防治技术和使用生物制剂、中草药对病虫害进行防治。

3.廉价性 选用虾药时，应多做比较，尽量选用成本低的虾药。许多虾药，其有效成分大同小异，或者药效相当，但相互间价格相差很大，对此，要注意选用药物。

4.方便性 由于给小龙虾用药极不方便，可根据养殖品种以及水域情况，确定是使用泼洒法、涂抹法、口服法、注射法，还是浸泡法给药。应选择疗效好、安全、使用方便的虾药。

（二）辨别虾药

辨别虾药的真假优劣可按下面三个方面判断：

（1）“五无”型的药。即无商标标识、无产地即无厂名厂址、无生产日期、无保存日期、无合格许可证，这是最典型的假药。

（2）冒充型的药。这种冒充表现为两种情况，一种情况是商标冒充，主要是一些见利忘义的虾药厂家发现市场俏销或正在宣传的渔用药物时即打出同样包装、同样品牌的产品或冠以“改良型产品”；另一种情况就是一些生产厂家利用一些药物的可溶性特点将一些粉剂药物改装成水剂药物，然后冠以新药来投放市场。这种冒充型的假药具有一定的欺骗性，普通的养殖户一般难以识别，需要专业人员进行及时指导帮助才行。

（3）夸效型。具体表现就是一些虾药生产企业不顾事实，肆意夸大诊疗范围和效果，有时我们可见到部分虾药包装袋上的广告是包治百病，实际上疗效不明显或根本无效，见到这种能治所有虾病的虾药可以摒弃不用。

（三）选购药物的技巧

选购虾药首先要在正规的药店购买，注意药品的有效期。其次要注意药品的规格和剂型。同一种药物往往有不同的剂型和规格，其药效成分往往不相同。如漂白粉的有效氯含量为28%～32%，而漂粉精的有效氯含量为60%～70%。再如2.5%粉剂敌百虫和90%晶体敌百虫是两种不同的剂型，两者的有效成分后者是前者的36倍。不同规格药物的价格也有很大差别。因此，了解同一类虾药的不同商品规格，便于选购物美价廉的药品，并根据商品规格的不同药效成分换算出正确的施药量。再次就是合理用药，对症下药。目前常用于防治鱼类细菌、病毒性疾病和改善水域环境的泼洒虾药有氧化钙（生石灰）、漂白粉、二氯异氰尿酸钠、三氯异氰尿酸、二氧化氯、二溴海因、四烷基季铵盐络合碘等；常用杀灭和控制寄生虫性原虫病的虾药有氯化钠（食盐）、硫酸铜、硫酸亚铁、高锰酸钾、敌百虫等，这些虾药常用于浸浴机体、挂篓和全田泼洒；常用内服药有土霉素、红霉素、诺氟沙星、磺胺嘧啶和磺胺甲噁唑等。中草药有大蒜、大蒜素粉、大黄、黄苓、黄檗、五倍子、空心莲和苦参等，可以用中草药浸液全池泼洒和拌饵内服。

（四）用药技巧

1.有效期 即这一批生产的虾药最长使用时间。

2.存放条件 即虾药在保存时需要注意的要点，一般来说，许多药品需要避光、低温、干燥保存。

3.主治对象 即本药的最适用病症，这样方便养殖户按需选购，但是现在许多商品虾药都标榜能治百病，这时可向有使用经验的人请教，不可盲目相信。

4.避免多种虾药混用 混用的药物多了，可能会产生化学反应和毒副作用，因此在使用时一定要注意药物间的配伍禁忌。

5.用药的水质条件 大部分虾药都会受水温、pH值、硬度和溶解氧影响。因此在用药前最好先了解水体的条件，尽可能减少水质对用药的影响。

6.准确计算用药量和坚持疗程 一是要准确测量和估算水体的量，二是要准确称量药物的用量，以做到合理安全用药。还有一点就是一定要坚持用药，最少要坚持一个疗程。

尽量避免长期使用同一种药物及无病乱用药，以免产生抗药性。要适当使用同种效果的不同药物。

（五）准确计算用药量

虾病防治的内服药的剂量通常按虾体重计算，外用药则按水的体积计算。

1.内服药的计算 首先应比较准确地推算出虾群的总重量，然后折算出给药量的多少，根据环境条件、虾的吃食情况确定出虾的吃饵量，再将药物混入饲料中制成药饵进行投喂。

2.外用药的计算 先算出水的体积，再按施药的浓度算出药量，如施药的浓度为1毫克/升，则1立方米水体用药1克。

如一块稻田的小龙虾发生了疾病，需用0.5毫克/升浓度的晶体敌百虫来治疗。该稻田里的田间沟长100米，宽40米，平均水深0.6米，那么使用药物的量就应这样推算：田间沟水体的体积是100米×40米×0.6米=2 400立方米，然后再按规定的浓度算出药量为2 400×0.5=1 200（克）。那么这块稻田的田间沟里就需用晶体敌百虫1 200克。

五、小龙虾主要疾病及防治

小龙虾比河蟹、青虾等水产品抗病能力强，但是人工养殖条件下，其病害防治不可掉以轻心。在这里，我们总结了近年来在全国各地发生的病害以及相关文献资料中的病害，以帮助养殖户更好地对症下药，科学治疗小龙虾的疾病。

（一）黑鳃病的诊断及防治

1.病原病因 引起虾黑鳃病的原因有很多。

（1）虾沟底质严重污染，稻田中有机碎屑较多，这些碎屑随着小龙虾的呼吸而附着于鳃丝，使整个鳃呈黑色，从而影响虾的呼吸，这种情况特别是在缺氧时更为严重。

（2）虾的鳃部被多种弧菌、霉菌、细菌、真菌感染。

（3）稻田中重金属含量过高，发生重金属中毒现象，使虾鳃部呈现黑色沉积，影响其呼吸功能。如稻田中的铜含量过高时，小龙虾可能会发生铜中毒，这时的鳃部会出现黑色素沉淀现象。

（4）小龙虾的食物中长期缺乏维生素C，导致小龙虾体内正常的生理活动和生化反应无法进行，体内氨基酸也无法变成胶质蛋白，最后导致虾体瘦弱死亡。

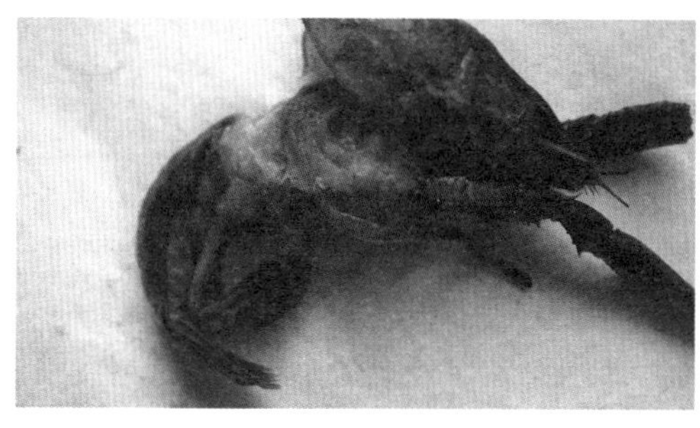

图 11-3　黑鳃病

2.症状特征 病虾鳃部呈黑色，鳃内外布满菌丝，引起鳃萎缩、局部霉烂并分泌黏液，病虾往往行动迟缓，伏在岸边不动，最后因呼吸困难窒息而死，或因蜕壳受阻，导致死亡（图11–3）。

3.流行特点　10克以上的小龙虾易受感染，6～7月是流行高峰期。

4.危害情况

（1）可引起小龙虾的大量死亡。

（2）亲虾患病直接影响第二年的繁殖。

5.预防措施

（1）放养前彻底用生石灰5～6千克/亩消毒，经常加注新水，保持水质清新。

（2）保持饲养水体清洁，溶解氧充足，水体定期泼洒一定浓度的生石灰调节水质，避免水质被污染。

（3）经常清除养虾稻田虾沟中的淤泥、残饵、污物，减少病原体的繁殖机会。

（4）种植绿萍等水生植物。

6.治疗方法

（1）把病虾放在每立方米水体3%～5%的食盐中浸洗2～3次，每次3～5分钟。

（2）用生石灰15×10^{-6}～20×10^{-6}全池泼洒，连续1～2次。

（3）用二氧化氯0.3毫克/升浓度全池泼洒消毒，并迅速换水。

（4）用二氯海因0.1毫克/升或溴氯海因0.2毫克/升全池泼洒，隔天再用1次，可以起到较好的治疗效果。

（5）用15毫克/升的聚维酮碘全池泼洒。

（6）在缺乏维生素C时应在饲料中添加维生素C，或投喂富含维生素C的饲料。

（二）烂鳃病的诊断及防治

1.病原病因　多种弧菌、真菌或细菌大量繁殖感染并侵入鳃部组织，从而导致烂鳃。如果沟底积污严重，有的稻田里含铁、铜离子较高，酸性较大，也容易发生此病（图11–4、图11–5）。

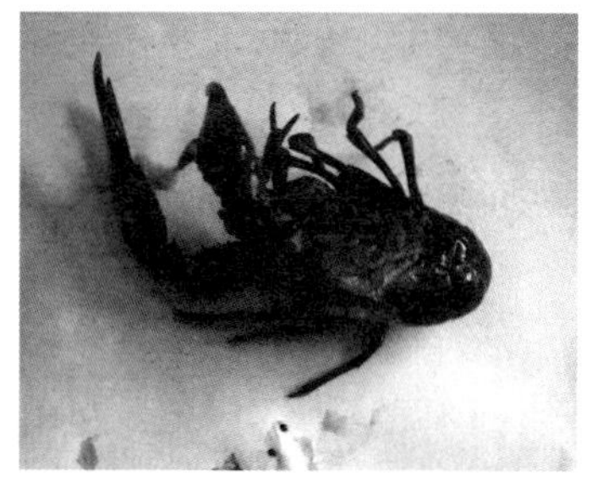

图 11-4 烂鳃病

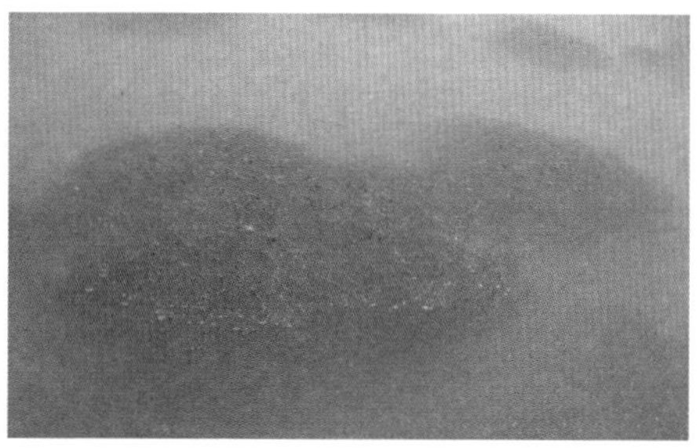

图 11-5 在这种水质里生活的小龙虾易患烂鳃病

2.症状特征 病虾鳃丝呈灰黑色，镜检可见鳃丝坏死，局部有糜烂现象，并附有大量污物，造成鳃丝缺损，排列不整齐或鳃丝坏死失去呼吸功能，导致小龙虾吃食减少，活力差，最后死亡。

3.流行特点 小龙虾都能感染。主要流行期为5～7月，病程呈慢性。

4.危害情况

（1）影响虾的摄食和生长，一般在蜕壳时死亡，或在低溶氧时大批死亡。

（2）危害对象主要是成虾，轻则影响小龙虾的呼吸，重则导致虾体瘦弱死亡。

（3）发病率在10%以下，死亡率一般在30%左右。

5.预防措施

（1）平时注意保持养虾田的良好水质，及时清除沟中的残饵、污物，注入新水，保持良好的水体环境，则很少发生此病。

（2）种植绿萍等水生植物，使水质变清爽。

（3）每亩用生石灰100～150千克清沟消毒，或用漂白粉10～15千克在稻田中均匀泼洒，做到彻底消毒。

（4）加强沟底改良措施，如是金属离子高，要先降解金属离子；如是酸性大，要用生石灰中和酸性或使用水质改良剂进行水质改良。

（5）苗种下塘时用2%～3%的食盐水浸泡10～15分钟。

（6）每半月泼洒一次生石灰或漂白粉，交替使用。每亩水深（虾沟）1米生石灰用量8～10千克，漂白粉用量1～1.5毫克/升。

6.治疗方法

（1）立即换水，尽量全部换去底层水。

（2）内服氟苯尼考、维生素C、大蒜素、鱼油等“药饵”。

（3）全虾沟泼洒二溴海因0.1毫克/升或溴氯海因0.2毫克/升，隔天再用1次，结合内服虾康宝0.5%、维生素C 0.2%、鱼虾5号0.1%、双黄连抗病毒口服液0.5%、虾蟹蜕壳素0.1%，可以起到较好的治疗效果。

（4）按每立方米养殖水体2克漂白粉用量，溶于水中后泼洒，疗效明显。

（5）施用池底改良活化素20～30千克/（亩·米）+复合芽孢杆菌250克/（亩·米），以改善底质和水质。

（6）聚维酮碘（有效碘10%）0.2毫克/升全池泼洒，重症连用2次。

（7）二氧化氯2～3毫克/升浸洗病虾10分钟。

（8）在饲料中加入2‰的复方新诺明或0.5‰磺胺嘧啶+0.5‰诱食剂。每日投喂1次，10天为1个疗程。

（三）白斑病的诊断及防治

1.病原病因　白斑病又叫白斑综合征，引起该病的原因尚未查明，有认为是弧菌感染，有认为是真菌感染，也有认为是饵料霉变或缺乏维生素C引起的，也有专家经过分析认为是由白斑病毒（WSSV）感染引起的。

2.症状特征　初期病虾离群，反应迟钝，偶尔间断浮出水面，空胃、不摄食；头胸甲壳上有明显的白色或暗蓝色圆点，严重时腹节甲壳也有白色斑点，头胸甲壳容易剥离，壳与真皮分离；体表黏附污物。肝、胰脏肿大或萎缩，鳃丝发黄。发病后期行动呆滞，慢游或伏于池边，虾体皮下、甲壳及附肢都出现白色斑点。

3.流行特点

（1）全年均可发病，主要发生在6～8月。

（2）环境条件恶化是诱发该病主要的外界因素，水温20～26℃时急性暴发。

（3）在天气闷热、连续阴天、暴雨、池中浮游藻类大量死亡、水变清（图11–6）、池底质恶化时均可诱发本病。

图 11–6　水体过于清澈时容易诱发白斑病

4.危害情况

（1）传播迅速，蔓延广，在几天内便可发生虾大量死亡。

（2）1月龄左右的幼虾易被感染，一般3～10天内大量死亡，死亡率可高达80%～90%，是当前最常见的南美白对虾暴发性流行病之一。

（3）病虾多死于深水中。

（4）在南美白对虾与斑节对虾混养中，会出现交叉感染及继发感染病害。

5.预防措施

（1）内服药可用抗病毒、抗病菌类中西结合药物，以及增强免疫能力的保健品。

（2）种苗需经过病毒检测确定无毒后，才能进入养殖环境。

（3）投喂优质全价饲料，并在饲料中添加虾多维0.5%、维生素C0.2%、鱼虾5号0.1%、抗病毒口服液0.5%、虾康宝0.5%。

（4）在养殖水体内使用生物制剂，如光合细菌、复合芽孢杆菌等。

（5）养殖季节内，每15天使用聚维酮碘250毫升/（亩·米）。

（6）用生物肥水宝肥水，每10～15天用一次高效底净，2～3天后用生态菌，确保虾池良好的生态环境。

6.防治方法

（1）每5～7天全池泼洒二溴海因0.2毫克/升。

（2）用0.1×10^{-6}亚甲基蓝与25×10^{-6}福尔马林混合药浴，投药后第二天进行常规换水，池内要进行强烈充气，至药液呈现的绿色完全消失为止。

（3）在饲料中添加 0.3%～0.4%水产专用维生素C投喂，10天为1个疗程。

（4）用菌毒清Ⅱ或高聚碘泼洒，连用两次；虾池底质恶化时定点抛撒新底居安，傍晚使用一次。同时内服"三林合剂"0.5%+氟苯尼考0.2%，连用3天。

（四）甲壳溃烂病的诊断及防治

1.病原病因　主要由一些具有分解几丁质能力的细菌侵袭所致，包括真菌、弧菌和假单胞杆菌等。沟底的水质恶化或水质不良导致弧菌等细菌大量繁殖引起。另外，小龙虾在运输过程中碰伤身体，如果遇到水质不好，加上营养不良等情况时会引起发病。

2.症状特征　病虾甲壳表面被细菌破坏，发病初期，病虾体表、附肢、触角、尾扇等处出现红色或黑色点状或斑块状溃疡，中间凹陷，边缘往往变白色，病重时病灶增大、腐烂，严重感染时可穿透甲壳进入软组织，使病灶部分粘连，阻碍小龙虾蜕壳生长，有的附肢、触角、尾扇甚至烂断。发病小龙虾活力极差，摄食下降或停食，常浮于水面或匍匐于水边草丛，直至死亡。

3.流行特点　在各地都有发生，主要流行期在5～8月。所有的小龙虾都能感染。

4.危害情况

（1）影响虾的生长蜕壳，严重者可导致病虾死亡。

（2）主要危害成虾，幼虾亦有感染。

（3）发病率、死亡率较高，危害相当严重。

（4）病情轻的小龙虾经蜕壳后可能消除，严重时造成蜕壳困难而致死。

5.预防措施

（1）改善水质条件，精心管理、喂养，提供足量的隐蔽物。在养殖环节中操作时，动作要轻缓，尽量减少损伤，在运输和投放虾苗虾种时，不要堆压和损伤虾体。

（2）控制小龙虾种苗放养密度，做到合理密养。

（3）保持水质清新，氧气充足，饵料新鲜。

（4）水体用二氧化氯（或强氯精、漂白精等）消毒，并投喂药饵10～14天。

（5）每亩用5～6千克的生石灰全虾沟泼洒。定期给虾田加换新水，每月泼洒一次浓度为25毫克/升的生石灰，改良水质。

（6）饲料要充足供应，防止小龙虾因饵料不足相互争食或残杀。注重饵料、用具卫生，实行“四定”投饵，避免残饵污染水质。

6.治疗方法

（1）在每千克饲料中添加0.5克土霉素投喂，连用2周为1个疗程。

（2）用0.3毫克/升的二溴海因或0.15毫克/升的聚维酮碘全田泼洒，情况严重者可酌情再用一次。

（3）外用药物的同时，在每千克饲料中添加中水虾菌宁2～4克和中水虾宁20克，连喂5～7天为1个疗程。

（4）用浓度为20～25毫克/升的福尔马林和浓度为1～2.5毫克/升的二溴海因混合后全田泼洒。

（五）肠炎病的诊断及防治

1.病原病因　由藻类中毒导致嗜水气单胞菌感染引起。可能还与水质恶化、摄食变质饵料造成消化功能受损有关。

2.症状特征　病虾游动缓慢，体质弱，肠道明显变粗呈红色，肠胃空，中肠后部也变红或肿胀，直肠（后肠）变混浊，有液体或黄色脓状物。虾粪细长呈白色、有黏性、浮在水面，大量聚集有恶臭散发。随着病情加重，出现吃料减少甚至不吃料，且伴随游塘及死亡现象（图11–7）。

图 11–7　患肠炎的小龙虾

3.流行特点　土池比

高位池严重，淡水池比咸水池发病率更高。

4.危害情况　2～3天感染率就能高达80%以上。

5.预防措施

（1）保持水质清新，适当换冲水，提高水体稳定性。

（2）投喂优质的饲料，不要投喂劣质、发霉变质的饲料，避免虾摄食残饵和变质饲料患肠炎。

（3）定期使用调水、改底的生物制剂。

6.治疗方法

（1）每立方米水体用二溴海因0.3克化水全池泼洒一次。

（2）每千克饲料中添加肠炎灵 5 克、大蒜素 5 克，连喂 3 天。

（3）早上用光合细菌5～7.5千克/（亩・米），3～5天一次，晚上用过氧化钙2～2.5千克/（亩・米），每2～3天一次。同时每千克饲料中添加三黄散10～16克+氧氟沙星（原粉）1克+小苏打20克，每天2次，连用3～5天。

（4）用高聚碘泼洒，隔天再用一次；第二天定点抛撒氧化净水宝改善水环境；同时内服服康灵0.5%+恩诺沙星0.25%+维生素C钠粉0.5%，消炎杀菌，提高机体抵抗力。

（六）烂尾病的诊断及防治

1.病原病因　小龙虾受刺激受伤、相互格斗或蜕壳时互相残食而导致尾部受伤，从而引起点状气单胞菌感染，导致几丁质被分解。

2.症状特征　感染初期病虾的尾扇有水泡，导致虾体尾扇边缘溃

图 11-8　烂尾病

烂、坏死或残缺不全，随着病情的恶化，溃烂由边缘向中间发展，严重感染时，病虾整个尾部溃烂掉落（图11-8、图11-9）。

图 11-9 因烂尾病死亡的虾

3.流行特点 5～8月是流行高峰期。全国各地的小龙虾均会发生此病。在虾蜕壳时更易发生。

4.危害情况 主要危害虾苗、虾种，直接导致小龙虾的死亡。

5.预防措施

（1）运输和投放虾苗、虾种时，不要堆压和损伤虾体。

（2）饲养期间饲料要投足、投匀，防止小龙虾因饲料不足相互争食或残杀。

（3）合理放养，控制放养密度，调控好水源，合理投饲。

（4）生石灰5～6千克／亩，全田泼洒。

6.治疗方法

（1）每立方米水体用茶粕15～20克浸液全田泼洒。

（2）每亩水面用强氯精等消毒剂化水全田泼洒，病情严重的连续泼洒2次，中间间隔1天。

（3）内服药物用盐酸环丙沙星按1.25～1.5 克/千克拌料投喂，连喂5天。

（4）全田泼洒二溴海因0.3毫克/升。

（5）每千克饲料中添加中水复合维生素C 2克，连用5～7天为1个疗程。

（七）出血病的诊断及防治

1.病原病因 是由气单胞菌引起小龙虾的败血病。

2.症状特征 病虾体表布满了大小不一的出血斑点，特别是附肢和腹部，肛门红肿。

3.流行特点　6～7月为主要发病期。

4.危害情况　此病来势凶猛，发病率高，一旦染病很快就会死亡。

5.预防措施

（1）发现生病的小龙虾时，要及时隔离。

（2）对虾沟水体整体消毒，水深1米的沟，用生石灰20～25千克/亩全沟泼洒，最好每月泼洒一次。

6.治疗方法　内服药物用盐酸环丙沙星按1.25～1.5 克/千克拌料投喂，连喂5天。

（八）纤毛虫病的诊断及防治

1.病原病因　患病的养虾稻田中水体富营养化，有机物多，导致聚缩虫、单缩虫、累枝虫和钟形虫等纤毛虫大量繁殖而引发本病。

2.症状特征　纤毛虫附着在虾和受精卵的体表、附肢、鳃上，形成淡黄色棉絮状物，当虫体寄生在鳃部时，可使鳃变黑，鳃组织变性或坏死，妨碍小龙虾的呼吸、游泳、活动、摄食和蜕壳，从而影响生长发育（图11-10）。病虾在早晨浮于水面，反应迟钝，行动迟缓，对外界刺激无敏感反应，大量附着时，蜕壳不能顺利进行，会引起小龙虾缺氧而窒息死亡。如虾苗感染则活力下降，虾苗密度逐渐变小，最后全部死亡。

图 11-10　患纤毛虫病的小龙虾

3.流行特点

（1）成虾、幼虾和虾卵都能感染。

（2）在有机质多的水中极易发生。

（3）全国各地均能发生此病。

4.危害情况

（1）少量寄生时，对小龙虾影响不大，但大量寄生时，小龙虾不摄食，不蜕壳，生长受阻，可引起死亡。

（2）在鳃上大量寄生时，引起虾的缺氧死亡，30%～50%的小龙虾死亡是由此病引起的。

（3）主要危害成虾和虾苗。

（4）严重影响小龙虾的商品价值。

5.预防措施

（1）彻底清理虾沟并消毒，杀灭沟中的病原菌，经常加注新水，降低水的有机质含量，保持水质清新。

（2）在养殖过程中经常采用池底改良活化素、光合细菌、复合芽孢杆菌，改善水质和底质。

（3）合理投饵，促使虾蜕壳。在饲料中添加鱼虾5号0.1%、虾蟹蜕壳素0.1%、虾康宝0.5%、维生素C 0.2%，以利于蜕壳除掉纤毛虫。

6.治疗方法

（1）用硫酸铜、硫酸亚铁（5：2）0.7×10^{-6}全池泼洒。

（2）用3%～5%的食盐水浸洗，3～5天为1个疗程。

（3）用25～30毫克/升的福尔马林溶液浸洗4～6小时后，换1次水，连续2～3次。

（4）用20～30克／米^{3}生石灰全虾沟泼洒，连续3次。

（5）全田泼洒农康宝1号0.2毫克/升，隔天全田泼洒二溴海因0.2毫克/升。

（6）茶籽饼浸液全田泼洒，浓度为10～15毫克/升，促使小龙虾蜕壳，蜕壳后换水。

（7）每立方米水体用福尔马林溶液10～25克全田泼洒。

（8）将患病的小龙虾在2×10^{-8}醋酸溶液中药浴1分钟，大部分固着类纤毛虫即被杀死。

（9）纤虫净或甲壳宁0.3～0.4毫克/升使用一次，隔日用0.3～0.4毫克/升三氯异氰脲酸泼洒一次，可治愈。

（10）可用硫酸铜或硫酸锌、纤虫净等将虫体杀灭，再用水体消毒剂进行灭菌。

（11）每立方米水体用甲壳净或甲壳尽0.2克全田泼洒，病情严重时连用2次。

（12）每立方米水体用杀灭海因0.4～0.6克全田泼洒。

（九）烂肢病的诊断及防治

1.病原病因 能分解几丁质的弧菌侵袭小龙虾体内，导致小龙虾的附肢受损、腐烂并继发感染其他细菌。

2.症状特征 腹部及附肢有溃疡性斑点，呈铁锈色或烧焦状，严重者可出现腐烂折断，并可能伴有腐壳、褐斑等症状，摄食量减少甚至拒食，活动迟缓，严重者会死亡（图11–11）。

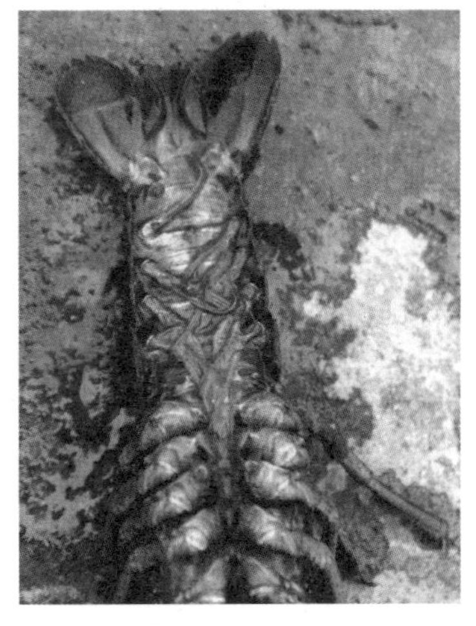

图 11–11 烂肢病

3.流行特点

（1）所有的小龙虾都有可能感染。

（2）每年4～6月是流行盛期。

4.危害情况 轻者影响小龙虾的生长发育，严重时可导致小龙虾大批死亡。

5.预防措施

（1）注意在捕捞、运输、放养等过程中要小心，不要让小龙虾受伤。

（2）放养前用3%～5%的盐水浸泡数分钟。

（3）加强水质管理，用池底改良活化素结合光合细菌或复合芽孢杆菌调节水质。

6.治疗方法

（1）全田泼洒二溴海因0.2毫克/升。

（2）全田泼洒聚维酮碘溶液300毫升/（亩·米）。

（3）同时内服鱼虾5号0.1%、虾蟹蜕壳素0.1%、虾康宝0.5%、维生素C 0.2%、抗病毒口服液0.5%、营养素0.8%。

（4）发病后用生石灰10～20克／米^{3}全虾沟泼洒，连施2～3次。

（十）水霉病的诊断及防治

1.病原病因 当青虾体质较弱，尤其是因捕捞、运输等受伤后，受水霉侵袭所致。在水质恶化、小龙虾体质虚弱时也易感染该病。

2.症状特征 水霉菌丝侵入虾体后，蔓延扩展，向外生长成绵毛状菌丝，似白色绵毛。病虾焦躁不安，游动迟缓，食欲减退，伤口部位组织溃烂蔓延，严重的导致死亡。

3.流行特点

（1）该病主要发生于水环境恶化或水温较低（15～20℃）时，特别是阴雨天。

（2）发生期3～4月，病程呈慢性。

4.危害情况 危害程度相对较轻，但水霉病严重时可造成大批死亡。

5.预防措施

（1）用生石灰彻底清理虾沟并消毒。

（2）苗种在起捕、运输、放养过程中要小心仔细，谨防虾体受伤。

（3）用福尔马林溶液20～25毫克/升全田泼洒，24小时后换水，换水量一半以上。

（4）下池前的虾苗要用食盐等药物消毒后再入池，可有效地预防水霉病（图11-12）。

图 11-12 下池前的虾苗用食盐等药物先消毒

（5）虾苗在过数、运输中，多少有些损伤，所以虾苗进池后，可泼洒些消毒药物，如强氯精、漂粉精、二氧化氯等。

（6）大批蜕壳期间，增加动物性饲料，减少同类互残。

6.治疗方法

（1）用亚甲基蓝0.3～0.5毫克/升化水全田泼洒，连用3天。

（2）双氧氯0.3～0.4毫克/升全田泼洒，连用2天。

（3）双季铵碘或二氧化氯0.3～0.4毫克/升全田泼洒，连用2次。

（4）用3%～5%食盐水溶液浸洗5分钟。

（十一）肌肉坏死病的诊断及防治

1.病原病因　此病由于环境因素造成，如放养密度过大，溶解氧过低，水质受到污染，水温过高或过低，这些环境条件发生突变时更易发生。

2.症状特征　发病初期，病虾仅腹部肌肉出现不透明白色斑点，遇到捕捞或受惊时全身肌肉发白，后逐渐蔓延至虾体前部肌肉，病情严重的个体，全身肌肉变为不透明乳白色，导致肌肉坏死而死亡。病虾甲壳变软，生长缓慢。

3.流行特点

（1）此病在幼体、虾苗、成虾中均可出现。

（2）全国各地均能发生。

4.危害情况

（1）对幼体危害较严重。

（2）成虾死亡率不高，发生范围小，危害程度轻。

5.预防措施

（1）在亲虾运输、幼体下田时注意水的温差不能太大，平时保持水质清新，溶氧充足，可减少发病。

（2）放养密度要适当，避免过密。

（3）养殖稻田在高温季节要防止水温升高过快或突然变化，应经常换水，注入新水及人工增氧。

（4）改善环境条件，保持水质良好能预防此病发生。

6.治疗方法　全池泼洒硬壳宝1～2次，再用双季铵碘0.3～0.4毫克/升消毒2～3次，一般可治愈。

（十二）软壳病的诊断及防治

1.病原病因

（1）投饵不足或营养长期不足，小龙虾长期处于饥饿状态。

（2）稻田里水的pH值升高及有机质过多，使水体形成不溶性的磷酸钙沉淀，导致小龙虾不能有效利用磷元素。

（3）稻田水质老化，换水量不足或长期不换水，都会发生此病。

（4）小浓度的有机磷杀虫剂就可以抑制甲壳中几丁质的合成，从而引起小龙虾的软壳病。

2.症状特征 病虾的甲壳薄，明显变软，与肌肉分离，易剥离，活动缓慢，体色发暗，体形消瘦，常在沟边慢游，并有死亡现象（图11-13）。

图 11-13 软壳病

3.流行特点 幼虾易感染。

4.危害情况 虾的生长速度受到影响，体长明显小于正常虾。

5.预防措施

（1）当水质不良时，应大量换水，改善养殖水质。

（2）施用复合芽孢杆菌250毫升/（亩·米），促进有益藻类的生长，并调节水体的酸碱度。

（3）在饵料中添加藻类或卵磷脂、豆腐均可减少该病发生，也可在虾饵中添加蜕壳素来预防。

6.治疗方法

（1）全田泼洒池底改良活化素20千克/（亩·米）。

（2）在饲料中添加鱼虾5号0.1%、虾蟹蜕壳素0.1%、虾康宝0.5%、维生素C 0.2%、营养素0.8%，提高各种微量元素的含量。

（3）用浓度为5毫克／升的茶粕浸浴，以刺激蜕壳。

（十三）黑壳病的诊断及防治

1.病原病因 黑壳病又叫乌壳病、青苔病，是因水环境中的附着性藻类，主要是一些附着性硅藻、褐藻、丝状藻等附着在虾体表而引起的。

2.症状特征 虾体表被藻类附着，体色变黑或黑绿色，感染严重者，被青苔包裹。体质差，活动力明显减弱，不能顺利蜕壳（图11-14）。

3.流行特点

（1）春季和秋季易发生。

（2）全国各地均可发生。

4.危害情况

（1）导致虾不能顺利蜕壳。

（2）遇池中缺氧，可引起大批死亡。

图 11-14　黑壳病

5.预防措施

（1）虾池的水源应水质良好，无污染。

（2）每亩用生石灰150千克清塘消毒。

（3）夏季和秋季勤换水，保持水质清新。冬季和春季灌满水，水质透明度保持30～40厘米。

（4）流行季节每月用纤虫净或甲壳爽0.2毫克/升泼洒一次，或用纤虫杀星或甲壳宁0.3～0.4毫克/升泼洒一次，或用硫酸锌0.3～0.4毫克/升泼洒一次。

6.治疗方法

（1）用纤虫净或甲壳爽0.3～0.4毫克/升全池泼洒，重症隔日再用一次。

（2）纤虫净或甲壳宁0.3～0.4毫克/升泼洒一次，隔日用0.3～0.4毫克/升溴氯海因或0.2～0.4毫克/升二溴海因泼洒一次，可治愈。

（3）硫酸锌0.3～0.4毫克/升全池泼洒，重症隔日再用一次。

（4）硫酸锌0.3～0.4毫克/升泼洒一次，隔日用0.3～0.4毫克/升溴氯海因泼洒一次。

（十四）蜕壳障碍病的诊断及防治

1.病原病因 主要是水质不良、营养不良和虾壳上有铜的沉积物引起的。

图 11-15 蜕壳困难导致虾死亡

2.症状特征 病虾多在蜕壳过程中或蜕壳后死亡（图11-15）。

3.流行特点 全国各地均有发生。

4.危害情况 轻者影响小龙虾的蜕壳与生长，严重者可引起小龙虾的死亡。主要发生于幼虾阶段。

5.预防措施

（1）在饵料中添加藻类或卵磷脂、豆腐均可减少该病发生，也可在虾饵中添加蜕壳素来预防。

（2）供应优质饲料，增加营养，补充含有卵磷脂的饲料。

（3）当水质不良时，应大量换水来改善水质。

6.治疗方法 用浓度为5毫克／升的茶粕浸浴，以刺激蜕壳。

（十五）中毒的诊断及防治

1.病原病因 据分析，虾中毒的主要原因有以下几种：一是池底不干净，淤泥较厚，池中有机物腐烂分解，产生大量氨氮、硫化氢、亚硝酸盐等物质，能引起虾鳃以及肝、胰腺的病变，引起慢性死亡；二是含有汞、铜、锌、铅等重金属元素、废油，以及其他有毒性的化学产品流入池内，导致虾类中毒；三是靠近农田的养殖小区，由于管理不慎或人为因素，致使农药、化肥、其他药物进入池中，从而导致虾急性死亡，这是目前虾中毒的最主要原因。

2.症状特征　根据发病情况可以分为两类：一类发病慢，出现呼吸困难，摄食减少，零星死亡，可能是池塘内有机质腐烂分解引起的中毒，属于慢性中毒积累而死亡；另一类发病急，出现大量死亡，尸体上浮或下沉，在清晨池水溶解氧量低下时更明显，属于急性中毒死亡。虾的鳃丝表面无有害生物附生，也没有典型的病灶（图11–16）。

图 11–16　中毒死亡的小龙虾

3.流行特点

（1）养虾国家或地区都有发生。

（2）此病多发生在7～9月中下旬。

4.危害情况　中毒较轻时不会造成较大危害，严重时可导致大量死亡。

5.预防措施

（1）加强巡视，在建虾池时，要调查周围的水源，看有无工业污水、生活污水、农田生产用水等排入，看周围有无新建排污化工厂。

（2）清理污染源，清理水环境，选择符合生产要求的水源，请环保部门监测水源，检测是否有毒有害物质超标。

6.治疗方法　一旦发生中毒事件时，要立即进行抢救，将活虾转移到经清池消毒的新池中去，并冲水增加溶解氧量，或排注没有污染的新水源稀释。

（十六）生物敌害的防治

小龙虾的生物敌害主要有水蛇、青蛙、蟾蜍、老鼠、水蚼、鸟类等，在积极预防的同时还要进行捕杀。

部分鱼类尤其是动物食性的凶猛鱼类也是小龙虾的天敌，主要是有乌鳢、鳜鱼、鲶鱼、黄鳝、鲈鱼和泥鳅等，如果在稻田中发现有此类鱼类活动，要及时捕杀。养虾稻田在进水时，为防止小害鱼及鱼卵进入田内，进水口要设置拦网。如发现田里有小害鱼及鱼卵，则要用2毫克/升鱼藤精进行消毒除害。

一些家禽也是养小龙虾的大害，比如鸭子是绝对不能进入养虾稻田的。

防治：建好防逃墙，并经常维护检查。进水口严格过滤，防止凶猛鱼类混入。采取“捕、诱、赶、毒”等方法处理。

鸟类中鹭类和鸥类水鸟是小龙虾危害较大的敌害。由于多数是自然保护对象，可用稻草人或将已经死亡的鸟挂在网上来吓唬其他的鸟（图11-17）。

图 11-17　用稻草人吓跑鸟类

还可以用挂单丝的方法来预防，效果很好。将丝线拉起来，间距40厘米左右（图11-18），鸟儿从天上看就像是天罗地网，一旦它们展开的翅膀触碰到丝线时，就会有害怕感，从而有效地预防鸟类对小龙虾的伤害。

图 11-18　稻田上方挑的单丝

（十七）水网藻和水绵的防治

虽然部分水绵和水网藻可以为小龙虾提供一定的食物来源，但是覆盖面过大时就会遮住水面，影响水中溶解氧和阳光的通透性，对小龙虾的生长发育极为不利（图11–19），所以一旦水网藻过多时就要进行人工捕捞。

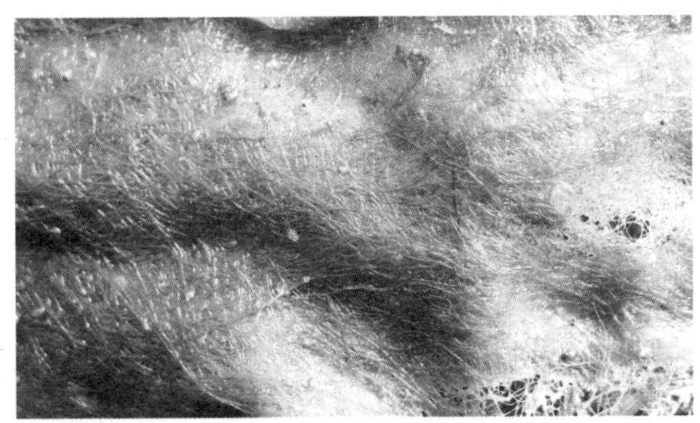

图 11-19　过多的水网藻会缠绕小虾苗而导致它们死亡

参考文献

[1] 但丽，张世萍，羊茜，等. 克氏原螯虾食性和摄食活动的研究.湖北农业科学，2007，46（3）：174–177 .

[2] 李文杰. 值得重视的淡水渔业对象——螯虾. 水产养殖，1990（1）：19–20.

[3] 陈义. 无脊椎动物学. 上海：商务印书馆，1954.

[4] 潘建林，宋胜磊，唐建清，等. 五氯酚钠对克氏原螯虾急性毒性试验. 农业环境科学学报，2005，24（1）：60–63.

[5] 费志良，宋胜磊，唐建清，等. 克氏原螯虾含肉率及蜕皮周期中微量元素分析. 水产科学，2005，24（10）：8–11.

[6] 唐建清，宋胜磊，等.克氏原螯虾对几种人工洞穴的选择性.水产科学，2004，23（5）：26–28.

[7] 唐建清，宋胜磊，吕佳，等.克氏原螯虾种群生长模型及生态参数的研究.南京师大学报（自然科学版），2003，26（1）：96–100.

[8] 吕佳，宋胜磊，唐建清，等. 克氏原螯虾受精卵发育的温度因子数学模型分析，南京大学学报(自然科学版)，2004，40

（2）：226–231.
[9] 唐建清，滕忠祥，周继刚. 淡水虾规模养殖关键技术. 南京：江苏科学技术出版社，2002.
[10] 舒新亚，龚珞军. 淡水小龙虾健康养殖实用技术. 北京：中国农业出版社，2006.
[11] 夏爱军. 小龙虾养殖技术. 北京：中国农业大学出版社，2008.
[12] 占家智，羊茜. 施肥养鱼技术. 北京：中国农业出版社,2004.
[13] 占家智，羊茜. 水产活饵料培育新技术. 北京：金盾出版社，2008.
[14] 羊茜，占家智. 图说稻田养小龙虾关键技术. 北京：金盾出版社，2010.
[15] 李继勋. 淡水虾繁育与养殖技术. 北京：金盾出版社，2000.
[16] SHU XINYA.Effect of the Crayfish Procambarus Clarkii on the Survival Cultivated in Chian.Freshwater Crayfish, 1995, 8:528–532.